ENVIRONMENTAL THEORY

환경학개론

기초와 응용

이현주 저

지우북스

Preface

21세기인 오늘날의 세계 인구는 약 76억 명에 달하고 있으며, 인구증가(Population)로 인한 각종 자원 및 식량 부족으로 인한 빈곤(Poverty)을 겪으면서 환경오염(Pollution)으로 인한 걱정과 악영향까지 접하고 있다. 그러나 이를 산업혁명(Industrial Revolution)과 녹색혁명(Green Revolution)을 통하여 대량생산체제로 극복하였다. 특히 한국은 좁은 국토면적임에도 서울과 경기도에 전체 인구의 약 50% 정도가 집중해 살고 있기 때문에 사용되는 상수소비량에 따른 하수발생량이 급증하고 자동차 등에 의한 대기오염의 이동발생량(Mobile Source)과 폐기물 발생량이 급증하고 있다. 따라서 대기오염, 수질오염, 폐기물 등의 처리문제와 폐자원의 Recycling을 반드시 실행하여 생활오수는 중수도법을 적용한 Recycled water을 아파트 정원 용수 등으로, 폐기물은 폐자원 재활용(Recycling) 등의 자원보존 및 회수법(Resource Conservation & Recovery Act)에 따른 폐기물 분리배출로 인한 자원회수 및 재활용, 각종 산업체 및 자동차에 사용하는 연료의 정제 및 고급화로 인한 대기오염 물질 Reduction 또는 Zero Emission 등의 다각적인 Environmental Pollution Reduction or Minimization 로 극복하지 않으면 안 될 상황에 처해 있다.

이러한 문제를 해결하기 위해 환경공학의 전문적인 학술 및 기술을 적용하여 왔으며, 더 나은 신기술 개발, Recycling 기술개발 및 신재생 에너지 등의 적용으로 환경오염문제를 다각적으로 해결해 오고 있다.

오염 또는 훼손된 환경은 최대한 빠른 시간 내 복원하고 향후 개발 예정된 지역의 개발(Development)은 환경보존과 개발이 지속가능한(Sustainable)정책을 실행하는 변화를 보여주고 있다.

이러한 현실에 따라 환경문제를 정확히 파악하여 실무에 적용 가능한 환경학 및 공학을 전공하는 전공자들과 다양한 학문분야와의 Network을 통하여 시스템화 기술교육이 필수적이며, 일반인들도 환경적 사고와 Eco-mind(친환경적 생각), Eco-Life(친환경 생활방식) 실행이 필요한 시기이다.

따라서 본 교재는 환경교육 및 전국 대학의 환경공학을 전공하는 대학생들의 환경공학 입문과정 및 환경의식을 가진 일반인들을 위하여, 저자가 환경의 전반적인 내용을 쉽게 이해할 수 있도록 집필한 교재이다. 본 교재로 각 대학에서 환경 관련 학과를 시작하는 대학 초년생들에게 기초가 되는 학문의 바탕이 되어 졸업 후 훌륭하고 멋진 미래를 맞이하기를 기원한다.

"어떤 분야든 본인의 굴하지 않는 의지(Grits)가 강한 사람의 인생은 성공 한다"라는 말을 젊은 청춘들에게 보내는 응원의 메시지로 마름하고자 한다.

이 책을 집필하는데 시작부터 탈고하기까지 옆에서 묵묵히 자료를 찾고 많은 도움을 준 제자 전병권 군에게 감사함을 전하며, 2018년 초부터 12월 중순까지 책 작업 때문에 늦은 귀가에도 불평 없이 참고 격려하며 교정까지 도와준 남편 주재형 씨와 아들 성준에게도 깊은 사랑과 감사를 전한다. 또한 도서출판 지우북스 서대표님과 직원분들께 감사드리며 지우북스가 국내 대학교재를 대표하는 알차고 굳건한 출판사로 자리매김 하길 진심으로 기원한다.

부아산 기슭에서 저자 이 현 주

Contents

머리말 / 2

PART 01 환경학 개론(기초편)

Chapter 01 환경의 개념 및 특성 ··· 11

1.1 환경의 정의 및 오염 ··· 13
1.2 지구환경의 구성 및 특성 ··· 15
1.3 지구환경오염의 원인 ··· 20

Chapter 02 현대의 환경문제 ··· 25

2.1 지구환경의 위기 ··· 27
2.2 위기탈피를 위한 국제적 기구 조성 ··· 28
2.3 환경과 공해 ··· 28

Chapter 03 생태계 (Ecology = Ecosystem) ··· 31

3.1 생태계(Ecology = Ecosystem)의 개념 ··· 33
3.2 생태계(Ecology)의 기능 ··· 35
3.3 생태계(Ecology)의 특질 ··· 38
3.4 생태계(Ecology)의 변화 ··· 39

Chapter 04 대기오염 ···· 43
4.1 대기 및 대기오염 ···· 45
4.2 대기오염 물질과 발생 ···· 46
4.3 대기오염의 영향 ···· 51
4.4 대기오염 물질 기준 및 저감대책 ···· 55

Chapter 05 수자원과 수질오염 ···· 63
5.1 수자원과 수질오염 ···· 65
5.2 수질오염 및 지표 ···· 69
5.3 수질오염의 영향 ···· 80
5.4 수질오염의 방지대책 ···· 82
5.5 하·폐수처리기술 ···· 88
5.6 정수처리 ···· 96

Chapter 06 토양 및 지하수 ···· 103
6.1 토양의 정의 및 성질 ···· 105
6.2 토양 및 지하수오염의 발생원인 ···· 107
6.3 토양오염의 방지대책 ···· 109

Chapter 07 에너지와 신재생 에너지 ···· 111
7.1 에너지의 개념 및 자원의 분류 ···· 113
7.2 국내 및 세계 에너지 이용현황 ···· 117
7.3 신재생에너지 ···· 117
7.4 국내 신재생에너지 정책 및 이용 현황 ···· 130

PART 02 환경학 개론(응용편)

Chapter 08 폐기물 관리 ······ 139

8.1 폐기물의 정의 및 종류 ······ 141
8.2 폐기물의 발생 및 처리 ······ 144
8.3 폐기물 감량제도 ······ 146
8.4 자원 순환형 폐기물의 자원화 ······ 152
8.5 폐기물의 처리기술 및 최종처분 ······ 156

Chapter 09 지구환경의 기후변화 ······ 165

9.1 지구환경 문제 ······ 167
9.2 기후변화의 영향 ······ 169
9.3 온실가스의 종류 및 배출 현황 ······ 175
9.4 오존층 파괴 및 영향 ······ 177
9.5 기후변화와 국제협약 ······ 182

Chapter 10 생활환경과 실내공기오염 ······ 191

10.1 석면 및 유해물질 관리 ······ 193
10.2 실내공기오염 ······ 196
10.3 실내 라돈물질 관리 및 대책 ······ 203
10.4 전자파 관리 및 대책 ······ 207

Chapter 11 유해화학물질과 환경호르몬 215

11.1 유해화학물질 217

11.2 환경호르몬물질 224

11.3 다이옥신(Dioxin)과 중금속물질 229

11.4 잔류성 유기오염물질(POPs) 237

11.5 유전자 조작(GMO)물질 240

Chapter 12 광역적 환경오염문제 249

12.1 산성비(Acid Rain) 251

12.2 황사 현상과 환경성 질환 256

12.3 사막화 현상 260

part

01

환경학개론_기초와 응용

환경학 개론(기초편)

chapter

01

환경의 개념 및 특성

chapter 01 환경의 개념 및 특성

1.1 환경의 정의 및 오염

1) 환경이란?

"인간을 중심으로 생물과 주변을 둘러싸고 있는 환경"으로 정의한다.

환경의 광역적 범위는 지구상의 물, 대기, 식물, 토양, 암석 등으로 구성된 곳에 살고 있는 인간을 포함한 모든 생물과 이를 둘러싼 모든 생물, 무생물 생태계를 포함한 자연환경(Natural Environment)이라 한다.

2) 환경의 분류

「환경정책기본법」[1]에서는 환경을 자연환경(Natural Environment)과 인간의 주거특성과 일상생활과 관련된 수질, 대기, 폐기물, 소음・진동, 악취, 일조 등이 포함된 생활환경(Living Environment)으로 분류하고 있다. 한 가지 더 추가하자면, 각 나라별 사람들이 형성한 국가, 조직, 제도, 생활습관 등을 형성한 사회적 환경으로 나눌 수 있다.

[표 1-1]과 같이 환경은 자연환경, 생활환경, 사회적 환경으로 분류하고 있으며, 이 분류가 환경공학, 환경학, 환경과학 등의 학문과 실생활의 대상이 된다.

1) 「환경정책기본법」 : 우리나라는 1980년대부터 환경법률을 개정해오며 현재까지 50여 개 환경법을 갖고 있다. 환경정책 기본법은 환경 분야의 기초가 되는 법률로서 환경정책의 원칙, 방향 및 기준을 제시하고 있다.

그 외 UNEP(유엔환경계획)[2]에서 분류한 내용은 생활환경(Living Environment) 속에 사회·경제환경을 포함하는 환경의 범주를 포괄적으로 해석하여, Physical(물리적), Natural(자연적), Social(사회적), Economical(경제적) 등의 요소들을 포함하기도 한다. 또한 환경의 분류방식에서 환경의 개념은 자연중심적보다 인간중심적 시각에서 인간 활동에 의한 환경영향을 환경생태계에 미치는 영향으로 표현한다.

3) 환경오염

인간 활동에 사용한 물질과 에너지가 소모된 후 발생한 각종 오염물질이 환경의 질적, 양적 변화를 일으켜서 그 결과가 자연환경, 인간 및 생물에게 직·간접적으로 유해한 영향을 끼치는 현상을 말한다. 이때 환경과 인간에게 유해한 영향을 끼치는 물질을 환경오염물질(Environmental Pollutants)이라고 한다.

오염물질(Pollutants)이 생태계 및 인체에 유입되면, 생물의 생리작용을 방해하거나 또는 비정상적인 생리작용을 유발하여 생물체의 생존이 위협받게 된다. 또한 유입된 오염물질이 다른 환경에 연쇄적으로 변화를 일으켜 부정적인 영향이 발생되기도 한다.

- **오염의 분류** : 크게 수질, 대기, 폐기물, 토양 및 지하수, 감각공해로 소음 및 진동, 악취 등으로 분류한다. [표 1-1]은 환경기본법을 포함한 환경의 분류를 도표로 나타내었다.

2) UNEP(United Nations Environment Programme) : 유엔환경계획기구는 1972년 설립되어 본부는 케냐 나이로비에 있으며 전 지구적 환경문제에 대한 해결책을 제시 및 선도하고 있다.

[표 1-1] 환경기본법을 포함한 환경의 분류

Environ-ment	자연환경 (Natural Environment)	생물적(Biotic) : 동, 식물과 연계되는 생태계
		무생물적(Abiotic) : 빛, 온도, 공기, 물, 토양 등
	인위적 환경 (Man-made Environment) =Living Environment	수질, 대기, 폐기물, 토양 및 지하수 오염 감각적 환경오염 : 소음, 진동 및 악취 물질적 환경(기구 및 기계, 산업산물, 인위적으로 변형된 자연)
	사회적 환경 (Social Environment)	국가, 조직, 제도, 생활습관 등 그외 심미적 환경(종교적 신앙, 유교 등)

최근 심각한 환경오염원으로 추가되는 항목은 환경 호르몬(Environment Hormone)이며 내분비계 교란물질(Endocrine Disruptors)이라고도 한다. 살충제, 살균제, 제초제 등에 사용하는 각종 농약이나 페비닐, 플라스틱을 소각할 때 발생하는 다이옥신(Dioxin) 등이 대표적인 환경호르몬 물질로 언급되고 있다. 이러한 인간 활동으로 인한 생태계 파괴와 환경오염으로 인한 산성비, 오존층파괴, 지구온난화, 빙하 해빙, 해수면 상승, 육상수몰, 기상이변으로 인한 전 지구적 기후변화 즉, 태풍 토네이도, 허리케인, 지진을 동반한 쓰나미(Tsunami) 등을 환경재앙의 예로 들 수 있다.

1.2 지구환경의 구성 및 특성

1) 지구환경의 구성

지구환경은 4개의 권역으로 구성된다. 4개의 권역 중 아래 권역에서 에너지와 질량의 흐름에 의한 평형상태를 유지하면서 상호작용을 일으킨다. 21세기의 폭발적인 인구 급증에 따른 과도한 자원사용은 환경오염물질 과부하로 인한 지구환경문제를 야기시킨다. 4권역으로 구성된 지구시스템에서 에너지흐름의 물질수지 균형이 파괴되면서 지구환경 문제들이 발생하고 있다.

① **대류권**(Atmosphere) : 지구를 둘러싼 기체상을 공기라 칭한다. 대류권은 지상에서 약 18 km 상공까지의 대기층이며, 대기가 순환하면서 산소와 탄소 외 미량의 원소들을 공급하고 있다.

② **수권**(Hydrosphere) : 지구상에 존재하는 물이 존재하는 부분인 수권은 지구표면의 약 71%를 구성하는 바닷물과 지구상에 존재한 모든 담수를 포함하는 부분이다.

③ **생물권**(Biosphere) : 지구상에 존재하는 동·식물, 미생물 등의 생물들이 생존하고 있는 지구표층까지의 생태계를 말하며 대류권과 수권, 지질권의 영향을 밀접하게 받는 관계이다.

④ **지질권**(Geosphere = Lithosphere) : 암석, 토양, 퇴적물, 화산재도 포함되며, 지구환경의 가장 큰 부분을 차지한다. 대류권, 수권 생태계와의 지속적인 상호작용으로 변화되고 있다. 지구시스템의 상호작용에 의한 변화는 〈그림 1-1〉과 같다.

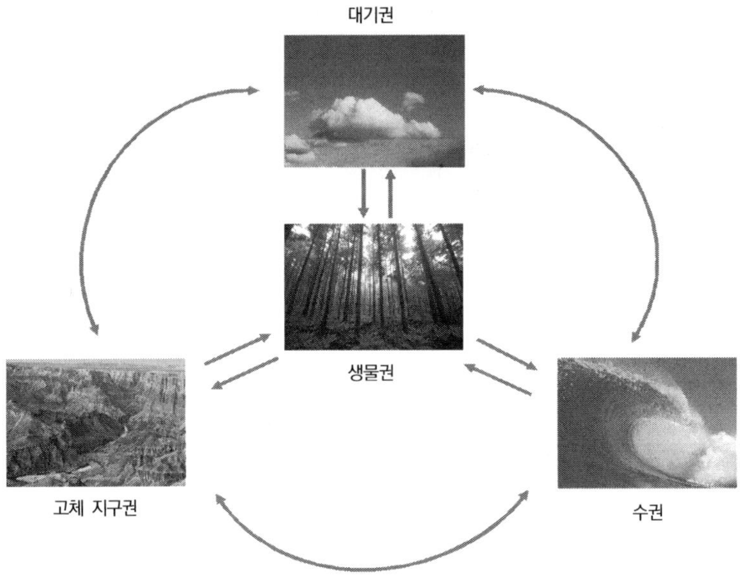

〈그림 1-1〉 지구시스템 4 권역

2) 지구환경문제의 특성

세계적으로 급속한 과학기술의 발달과 함께 인구의 급증, 도시화 · 공업화 등으로 인간의 생활 터전인 지구환경의 균형이 파괴되고 있다. 2000년대 이후 환경보전을 외면한 경제개발 정책은 장래에 인류의 생존기반 자체를 위협하고 있으며, 인간의 예측 가능한 환경오염 범위를 넘어서 위기에 다다르고 있다.

환경문제는 다양한 요인 간의 상호 연결된 관계로 파악되고 있으며, 구조적으로는 다음과 같은 특성을 지니고 있다.

(1) 광역성

오늘날 환경문제는 어느 한 지역, 한 국가만의 문제가 아니라 범지구적, 국제 간의 문제이며, "개방체계"적인 환경의 특성에 따라 공간적으로 광범위한 영향권을 형성한다.

예를 들면 영국의 대기오염물질의 이동으로 노르웨이의 토양산성화와 대기질의 저하를 유발하고, 알사스에 있는 프랑스 석탄광산의 배출물은 벨기에와 네덜란드에 있는 라인강 하류의 물고기를 폐사시킨 예가 있다.

이런 점에서 환경문제의 논의는 불특정 다수인과의 관계를 광범위하게 다루게 되며, 경우에 따라서는 어느 지역의 문제에서부터 국가 간의 문제까지 포함한다. 따라서 환경문제는 하나뿐인 지구의 보호를 대전제로 하는 지구보전과 광역적인 통제를 필요로 하며, 인접 국가 간의 환경문제의 해결과 관리를 위한 국제협약 등 국가 간의 협력 없이는 소기의 목적을 달성할 수 없다.

(2) 상호관련성

환경문제는 상호작용하는 여러 변수들 간에 인과관계가 성립되거나, 연결되어 화학반응에 의한 상승작용을 일으켜, 심각한 환경 오염현상을 야기시키기도 하며 간혹 상쇄 작용을 일으키기도 한다. 그 예로 각 오염물질들이 화학반응을 일으켜 생성된 유독물질이 더 큰 오염을 유발한다.

또한 환경문제는 인구, 자원 및 자본, 서비스 등의 사회 경제적 요소와 관련하여 상호관련성이 깊다. 예를 들면, 산업자본으로 생산된 농기구, 관개용수로, 화학비료 등과 같은 농업자본을 창출하고, 이 농업 및 토지자본의 결합으로 식량 생산을 증가시켜 인간의 식생활 및 건강을 증진시켜 왔다. 그러나 이러한 산업 및 농업의 자원순환이 발달할수록 환경오염물질 배출이 증가하여 인간의 건강과 사망률에 직・간접적으로 영향을 미치는 것이다.

(3) 시차성

환경문제는 문제의 발생과 이로 인한 영향이 현실적으로 나타나게 되는데 상당한 시차가 존재하는 경우가 많다. 그 예로서, 미국의 러브커넬 사건은 유해폐기물을 매립한 후 30~40년이 지나서야 그 피해가 발생하였으며, 일본의 공해병으로 알려진 미나마따병과 이따이이따이병도 오랜 기간 동안 배출되어 누적된 오염물질의 영향이었던 것이다. 환경문제는 일단 표면화된 후에 그 어떤 규제를 해도 유해한 영향이 최종적으로 감소할 때까지는 긴 시간이 소요되며, 이미 문제가 심각해져 제어할 수 없는 상태가 되므로, 절대적인 사전 오염 예방원칙(Precautionary Principle)이 무엇보다 중요한 것이다.

(4) 탄력성과 비가역성

환경문제에 있어서 어느 정도의 환경악화는 환경이 갖는 자체 정화 능력 즉, 자정작용(Self-Purification)에 의하여 쉽게 원상 회복된다. 그러나 환경의 자정 능력을 초과하는 많은 오염물질량이 과부하되면 자정능력 범위를 초과하여 자정작용이 점차적으로 불가능해진다. 물의 경우, 수중에 오염물질이 축적되면 수질오염현상(예: 부영양화 현상)이 일어나서 플랑크톤이 과도하게 번식(water bloom)하여 정화기능을 저하시킨다. 이런 경우 생태계의 부정적 기능이 강화되고, 정상적인 기능이 약화됨으로써 환경악화가 가속화되고 심한 경우 원상회복이 어렵거나 불가능하게 된다. 이것을 환경의 탄력성과 비가역성이라고 한다.

(5) 엔트로피 증가

엔트로피 법칙은 1865년 독일의 물리학자인 클라우시우스(Rudolf Clausius)에 의해 최초로 창안되었으며 에너지의 상태를 얘기하는 척도이다. 엔트로피의 증가라 함은 "사용 가능한 에너지(available energy)"가 "사용 불가능한 에너지(unavailable energy)"의 상태로 바뀌어지는 현상을 말한다. 그러므로 엔트로피 증가는 사용 가능한 에너지 즉, 자원의 감소를 뜻하며 환경에서 변화가 일어날 때마다 얼마간의 에너지는 사용 불가능한 에너지가 된다. 이런 사용 불가능한 에너지가 바로 환경오염을 의미한다. 대기오염, 수질오염, 폐기물의 발생은 모두 엔트로피 증가를 뜻한다.

(6) 오염의 간접적 영향 및 지속성

환경오염의 간접적인 피해는 직접적인 피해보다 더 큰 특성을 가진다. 즉, 오염물질이 대기, 수질, 토양, 지하수 등에 연쇄적으로 간접적인 피해를 일으킨다. 따라서 오염 발생원과 오염 유발자와, 피해지역의 인과관계를 증빙하기 어려운 경우가 많다. 예를 들어 환경성 질환에 대한 역학조사를 실시해 발생원 및 원인 물질을 규명해야 하나, 다양한 오염물질의 이동 경로 및 시·공간적 원인 파악이 불확실하므로 오염 발생원을 밝혀내기 어려운 경우가 많다.

환경오염의 지속적 피해는 장기간 지속적으로 미량씩 누적되는 것이 특징이다. 특정 시기와 지역에서 발생하는 우발적 사고로 인한 직접적이고 일시적인 피해는 저감하거나 처리가 쉽다. 반면에 화학물질들이 장기간 미량씩 노출된 간접적, 누적 영향에 의한 만성적 피해는 현대과학으로도 규명하지 못한 채 20~30년 후에 나타나기 때문에 원인 파악과 처리 및 사용을 중지하기가 어려운 실정에 있다고 할 수 있다.

1.3 지구환경오염의 원인

1) 인구증가

2018년 현재 세계의 인구는 약 76억 명을 돌파하고 있다. 세계 인구 추이는 〈그림 1-2〉와 같다. 인구 급증에 따른 식량수요 증가와 팽창한 산업화, 주거형태 변화 및 도시 집중화로 인한 환경오염물질 배출량이 급증하고 있는 실정이다. 이러한 인구(Population)증가로 인한 빈곤(Poverty), 산업화로 인한 환경오염(Pollution)으로 집약된 3P가 지구환경의 위기로 대두되고 있다. 환경적 측면에서 인구증가로 인한 인간 활동이 지구의 환경 용량[3]범위를 초과하여 환경에 악영향을 초래한다.

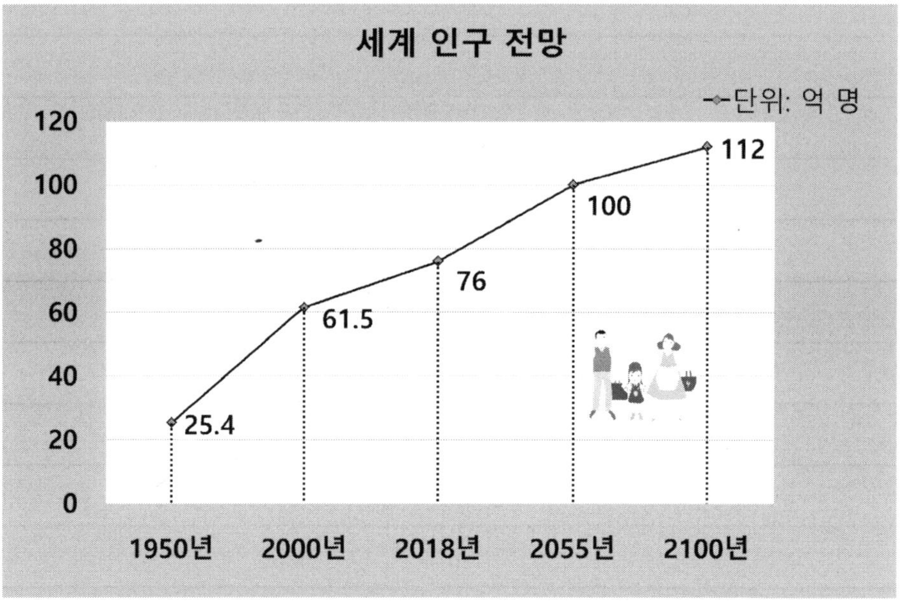

〈그림 1-2〉 세계 인구전망(UNDESA) 유엔 경제사회국 세계인구 전망보고서(2018)

3) 환경용량이란? 생태학자 Odum(1971)의 정의에 의하면 환경오염이 일어나지 않은 상태에서 어떤 환경이 부양할 수 있는 어떤 생물종의 최대 개체수라고 하였다.

첫째, 인구증가는 지구상에 한정된 천연자원을 고갈시키는 원인이 된다. 또한 고도화된 경제성장으로 인하여 1인당 자원소비량이 급증하게 되므로 환경에 심각한 영향을 미치게 한다.

둘째, 현대사회에서는 변화된 식량수요 및 소비형태가 곡물 위주에서 축산물 소비구조로 변화되면서 인간과 동물의 식량 증산을 위한 화학비료 및 농약 과다사용으로 인한 토양의 황폐화와 산림과 초원의 면적이 줄어들고 있다.

셋째, 현대의 오염물질량은 지속적으로 증가하여 자연 정화력[4] (Self-Purification)을 훨씬 초과하여 배출하고 있다. 현대의 자본력과 환경기술은 환경기초시설 신설 확충 및 증설하여 환경오염물질을 저감, 처리하고 있으나 전량 처리는 어려운 것이 현실이다.

우리나라는 전 세계에서 인구밀도가 가장 높으며, 특히 도시 집중화 현상으로 서울 및 경기도에 국내 인구의 약 1/2 이상이 집중해 살고 있다. 이로 인한 발생오염물질이 대도시에서 집중적으로 많이 배출되고 있다.

또한 인구 성장률[5]은 1970년대 2.18%, 1990년 0.99% 2010년 0.50% 2017년 0.39%에서 2020년에는 0.31%로 급격한 감소가 예상되고 있다. 저 출산율로 인한 유소년 인구 감소와 동시에 노령화가 급속히 진행되어 초고령화 사회로 진입하고 있는 실정이다. 감소되는 영유아 및 출산 장려정책 비용과 노령인구의 복지 정책 비용 증가는 국가 전체에 큰 경제적 부담을 주고 있다. 따라서 적절한 인구성장 대비 환경오염물질 과부하의 성장 한계점에서 지속가능한 인구성장 대비책을 강구해야 한다.

2) 도시집중화

각 나라별 도시화 추세는 S자형의 성장 곡선을 나타내며, 3단계로 구분된다.

4) Self-Purification(자정작용) : 자연에서 일정 면적당 일정량의 오염물질을 정화하는 능력

5) 인구 성장률 : 통계청 자료(2016)는 전년 대비 인구증가율

도시집중화 증가도는 초기 단계에서는 완만하게 상승하다가 급속히 상승, 가속화하는 두 번째 단계로 진행된다. 도시가 포화상태가 되면 증가속도가 정체되거나 소폭 저하되다가 종착단계에 이른다. 선진국 사례를 보면 19세기 초부터, 농촌인구가 대도시로 급격히 유입되어 도시화가 진행되었고, 종착단계 이후인 21세기부터는 도시에서 농촌으로의 귀농인구가 증가하는 역도시화 현상으로 변화하고 있다.

도시집중화로 인한 수도권의 밀집된 경제 활동은 노동력 수요 증가와 함께 주택, 학교, 도로 등의 확장으로 도시가 팽창하게 된다. 따라서 오염물질 발생량이 환경용량을 크게 초과하게 되므로 도시계획을 체계화하여 오염물질 배출을 최소화 하기 위한 환경 인프라 구축이 도시의 미래를 위해 매우 중요한 요소로 작용한다.

도시화는 주로 개발도상국에서 급증하였으며, 특히 우라나라가 대표적인 경우이다. 수도권 인구분산정책을 지속적으로 추진하여 왔으나 효과는 미미하였다. 도시집중화 변화 추이는 서울과 경기권이 국토면적 11.8%에 비해 집중화 인구는 약 42% 이상으로 환경시설에 막중한 투자에도 불구하고 환경질 및 대기질은 악화되고 있으며, 1인당 녹지비율도 매우 낮은 편이다.

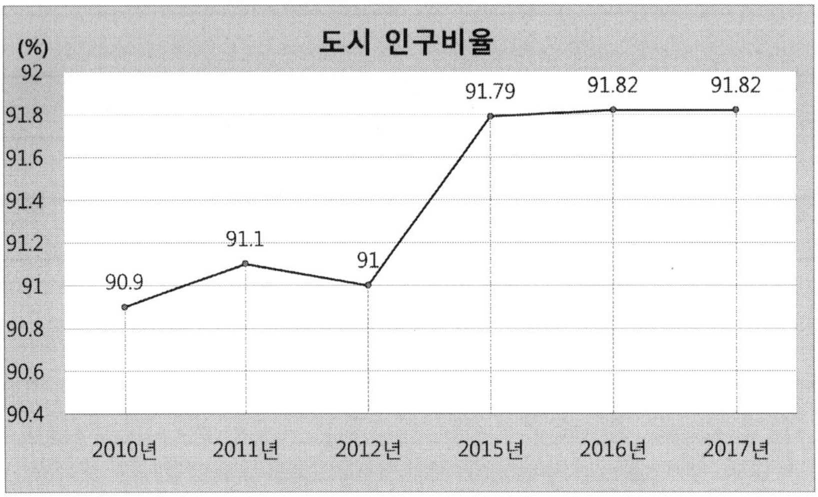

〈그림 1-3〉 한국의 서울 및 경기권의 도시집중화 비율

3) 산업화

우리나라의 경우 18세기 후반의 산업혁명 시점부터 인류의 발전과 산업화를 위한 개발로 자연생태계의 면적 감소와 훼손이 커지면서 지구환경의 오염이 본격화되기 시작하였다. 급속한 산업화로 인해 대기오염물질을 과도하게 배출하였고, 산업폐수 및 폐기물 등의 환경오염물질이 도시 및 수도권 지역에서 과도하게 집중적으로 배출되었다. 배출된 오염물질을 처리해야 하는 필수적인 시설은 다음과 같다.

- 산업폐수처리 시설(화학적 성상이 유사한 산업폐수처리)
- 도시하수종말처리장
- 폐기물 재활용 시설(예 ; 한국자원재생공사), 폐기물 처리시설 → 소각장 등의 오염물질 처리시설을 지속적으로 건설 및 증・개설하고 있지만 만족할 수준에 미치지는 못하고 있는 실정이다.

〈그림 1-4〉 공단에서 발생하는 대기오염물질

4) 농업과 토양문제

현대사회에서 과학기술이 발달된 농업은 생산성 향상을 위한 화학비료와 농약을 과다 사용하게 되면서 획기적으로 식량증산을 최대화 하였으나 이로 인한 환경생태 훼손과 토양오염이 가중화되었다. 농약과 화학비료 사용으로 인한 토양오염 문제가 대두되면서 친환경 농법, 유기농법, 무농약 농법 등의 확산으로 토양오염을 저감시키고, 농업도 청정농업, 수경재배법 등이 점점 확산되어 농업도 지속가능한 긍정적 농업으로 변화하고 있다. 농업으로 인한 토양환경오염은 다음과 같은 이유로 문제가 되고 있다.

- **화학비료** : 토양의 유기물 함량 감소 및 산성화 유발 → 지하수, 토양오염
- **농약** : 토양에 분해되지 않은 농약 누적 농축으로 인한 생태계 오염
  → 천적 감소, 해충 저항성 증가, 인체피해(Food chain)
- **가축 분뇨** : 대기, 수질, 토양오염 유발
- **농업폐기물** : 영농폐기물, 폐비닐, 농약 빈병 및 용기 배출
- **토양 침식** : 토양의 자양분 유실 → 토양의 산성화, 사질토 변화

chapter

02

현대의 환경문제

chapter 02 현대의 환경문제

2.1 지구환경의 위기

인류위기의 원인은 18세기 산업혁명 이후 인구증가(Population)에 의한 빈곤(Poverty)과 자원소모로 인한 환경오염(Pollution)로 인한 3P 현상에 의한 것이다.

지구환경문제들은 다음과 같은 발생 원인들이 3P로 제시되고 있다.

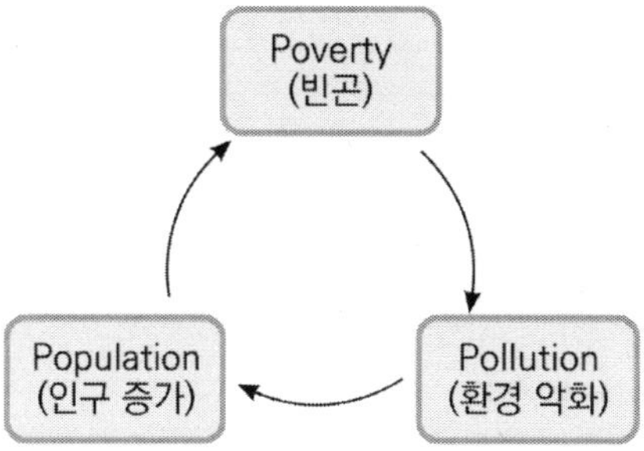

〈그림 2-1〉 지구의 위기 3P

2.2 위기탈피를 위한 국제적 기구 조성

- 1973년 스톡홀름 UN국제환경기구 UNEP(United Nations Environmental Planing) 창설
- 1983년 환경과 개발에 대한 세계위원회 WCED[1)]
- 1990년 환경적으로 건전한 지속가능한 개발(ESSD : Environmentally Sound & Sustainable Development)[2)]로 구체화
- 2002년 지속가능한 세계정상회의(WSSD : World Summit for Sustainable Development)

2.3 환경과 공해

1) 공해(Public Nuisance)의 종류

- 물질공해(수질 ,대기, 폐기물 오염)
- 감각공해(소음, 진동, 악취)
- 기타공해(토양 및 기타환경공해) 등으로 구별된다.

(1) 물질공해

대기, 수질오염의 경우는 대기, 하천, 호수, 해양 등에 오염물질이 유입되어, 오염된 대기나 수역의 물을 사람이 사용할 수 없거나, 생활환경에 피해를 주는 현상을 말한다.

1) WCED : 1984년에 발족한 UN산하 특별 위원회, 환경보전과 개발을 동시에 추구하는 지속가능한 개발 개념
2) ESSD : 1992년 6월 5일 세계 환경의 날에 발표한 「환경보전을 위한 국가선언문에서 언급」

따라서 유입된 오염물질의 양이나, 성분에 따라 피해의 정도가 달라지므로 반드시 처리해야 한다. 일반적으로 물질공해는 광역적인 공해가 되어 불특정 지역이나 사람에게 악영향을 주기 쉬우므로, 오염물질을 처리하거나, 사전에 오염을 예방해야만 한다.

(2) 감각공해

소음이나 진동, 악취 등의 자극에 의한 공해를 말하며, 사람에 따라 느끼는 정도의 개인차가 크며 심리적, 주관적, 생리상태, 느낌에 의해 달라진다. 소음 · 진동 · 악취 공해는 현대사회에서 민원 건수 비율이 가장 높지만 2차 오염을 유발시키지는 않는다.

(3) 기타공해

산업활동이 증가할수록 배출하는 대기오염물질 즉, 분진, SOx, NOx, 카드늄, 규소 등과 같은 유해물질이 분해되지 않고 입자형태로 부유하다가 눈, 비와 함께 지상으로 낙하하면서 토양오염을 유발시킨다. 그 외 악취, 폐기물, 방사선 등 다양한 소비상품 중 합성세제, 건전지, 약품, 식품 등의 생산 및 사용에 따라 발생하기도 한다.

chapter

03

생태계 (Ecology=Ecosystem)

chapter

03 생태계(Ecology)

3.1 생태계(Ecology=Ecosystem)의 개념

1) 생태계의 정의

Eco≠oikos는 아랍어로 집, 관리라는 뜻에서 유래하였으며, Ecology는 생물학적인 견지에서 생물과 무생물 환경과의 관계를 연구하는 학문이다.

생태계(ecosystem)란 대기, 물, 토양 등의 무기(Abiotic)환경과 생물(Biotic)환경(Animal, plants, fungi, protozoa, Monera, B.G.A Bacteria etc.), 동물, 식물, 미생물 등의 생명체로 구성된 자연환경을 말한다. 즉 이 생태계는 어떤 지역이나 공간에 존재하는 생물 및 무생물들과 구성요소 상호 간에 지속적인 물질순환을 하는 기능을 갖고 있다. 그 예로 호소의 경우 호소수 바닥의 암석 및 저질층과 호소에 서식하는 동식물 및 미생물들로 호소 생태계(Ecosystem)가 형성된다.

2) 생태계의 구성

생태계의 구성의 기본 단위는 Biotic(생물적), Abiotic(무생물적) 환경으로 구성되며, 생산자(Producer), 소비자(Consumer), 분해자(Decomposer) 세 부류의 생물군으로 나뉘어 진다.

*Food Chain(먹이 사슬 또는 망)

태양	Producer(생산자 : 녹색식물, 1단계) ; 광합성생물, 세균 Herbivore
	Consumer(소비자 : 초식성동물 1차소비자, 2단계) 육식성동물 2차소비자 Carnivore
	Decomposer(분해자 : fung 미생물 등) Bacteria, fungi 유기물 → 무기물로 전환 Detritus

ex) (A → B → C) : 각 영양 단계를 거치면서 손실되는 Energy는 약 90% 정도이다.

즉, Food chain을 통한 환경 질환 = Bioaccumulation(생체농축)단계=만성중독으로 이어진다.

ex) ⓐ minamata병 → 수은(Hg)중독 증상 : 시각, 청각, 지각 신경계 장애, 기형아 출산

ⓑ Itai Itai 병 → 카드뮴(Cd)중독 증상 : 골다공증, 골연화증, 치유 불능(40대 이상 여인들, 다산인)

3) 생태계의 분류

위의 생물적 구성요소와 지구상에 존재하는 다양한 생태계 간의 분류는 산림, 초원, 툰드라, 사막 등과 담수 및 해양생태계 등의 특징에 따라 분류된다. 각 생태계는 생물체들이 이동하면서 영향을 미치거나 상호 물질교환의 기능을 유지한다. 따라서 생태환경을 평가할 경우 각각의 생태계에 존재하는 생물종 간의 생태적 지위(Ecological Niche)[1]와 성질과의 상호관계를 정확하게 파악하고 인식하는 것이 중요하다.

1) 생태적 지위((Ecological Niche) : 동일한 자연환경 조건에서 각 생물종들 간의 서식처 위치가 다르므로 종간 생존경쟁이 없는 것임.(참나무위의 곤충서식처와 새의 서식처가 다르므로 먹이 경쟁이 일어나지 않는다)

3.2 생태계(Ecology)의 기능

1) Energy 흐름과 물의 순환

Sun light(태양 E) : 자연계의 에너지원 One way(에너지는 일방적 흐름= non cycle)

Sun → Producer → Consumer → Decomposer

$6CO_2$ + $6H_2O$ -----------------------〉 $C_6H_{12}O_6$ + $6O_2$↑

(잎) (뿌리) (Sun light 673kcal) (Glucose : 유기물질)

(1) Energy cycle(에너지 순환)

태양 → Energy(열에너지 방출) → 식물의 광합성(photosynthesis).

(2) Hydrologic cycle(물의 순환)

물 → 증발 → 눈, 비로 지상으로 떨어져 재사용

(한번 사용한 물을 다시 사용함 → 물의 순환은 자연계에서 중요함)

(3) Carbon cycle(탄소의 순환)

대기 중의 CO_2 ----------------〉 식물의 세포로 합성 (Organic Carbon)[2)]

(광합성 photosynthesis)

2) 생태계의 물질 순환

(1) 탄소(Carbon)의 순환

탄소는 모든 유기화합물의 기본 구성 요소이며, 생물체를 구성하는 원소 중 가장 많이 차지하는 원소이다. 인간을 예로 들면, 인체 중 수분을 제외한 구성 성분 중

2) Organic Carbon(유기 탄소) : 동물에 의해 섭취되며, 동물이나 그 배설물은 다시 다른 생물체에 의해서 흡수된 후 배설

탄소가 약 49% 정도이며, 모든 식물의 광합성 작용에 의해서 생성되는 유기물질로 공급된다. 또한 탄소는 호흡하는 생명체의 구성성분인 동시에 에너지를 저장하고 배분하는 물질이다. 독립영양균의 녹색식물은 CO_2(이산화탄소)를 흡수하여 탄수화물, 단백질, 지방, 핵산 등과 같은 유기물질로 환원시켜서 생물에 필수적인 호흡, 연소, 발효 과정을 거쳐 다시 CO_2로 전환된다.

탄소가 가장 많은 부분이 공기와 물이다. 전 세계적으로 화석연료 사용의 급증으로 인하여 대기로 배출되는 CO_2 양이 매년 증가하고 있으며, 지구온난화의 주 원인으로 분석되고 있다.

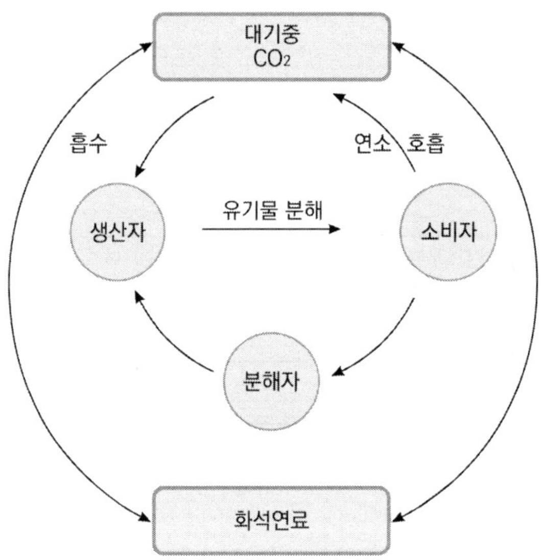

〈그림 3-1〉 탄소의 순환 시스템

(2) 질소(Nitrogen)의 순환

질소는 공기성분 중 79 %를 차지하며, 모든 생물체의 영양 성분인 단백질 구성성분이다. 공기 중의 질소의 비중은 가장 크긴 하나, 대부분의 생물체들은 기체상태의 N_2를 그대로 이용할 수 없기 때문에 직접적인 영향을 주지는 못한다. 대부분의 식물들은 외부에서 고정된 복합물 형태에서 N_2를 공급받아야 한다. 가장 많이 이용하는 것이 질산 이온이다. 즉, 암모니아와 요소 같은 질소 화합물 등은 농업에서 이용하는 비료와 일부 생태계에서 공급받는다.

가스 상태의 질소를 토양 미생물의 일부인 질소 고정 박테리아에 의해서 식물에 질소 에너지를 공급해주고 식물에서 얻은 에너지를 이용하여 질소를 고정하는 작용을 한다.

질소 고정 박테리아를 이용할 수 없는 식물들은 토양에서 질산염 형태로 흡수한 질소를 이용하여 단백질을 생성한다. 이것을 질소 순환 시스템이라 하며, 여기서 질산화작용과 탈질화작용이 반복적으로 순환하는 것이 자연계의 질소 순환 과정이다.

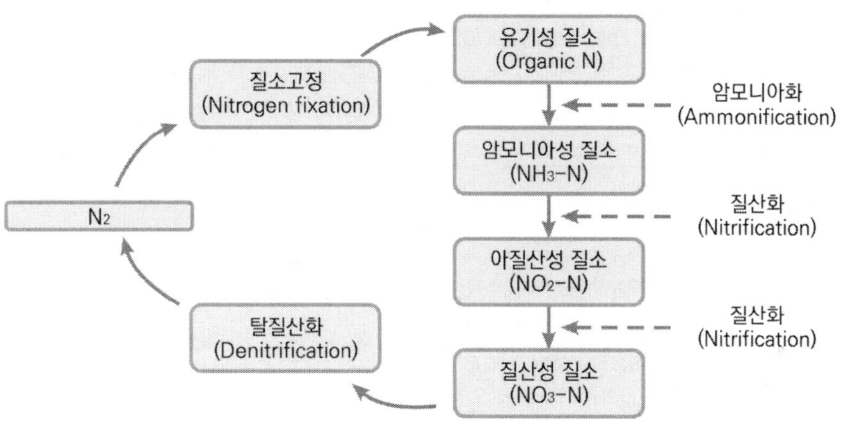

〈그림 3-2〉 질소 순환 시스템

(3) 인(P)의 순환

- 인은 세포의 에너지 순환에서 광합성과 세포호흡으로 발생하는 중간생산물들을 인과 결합시키는 역할을 하는 성분으로 핵산(DNA, RNA)의 기본원소이다.
- 생물들의 필수성분인 생체 내 에너지 저장물질인 ATP(Adenosine Tri-Phosphate)의 주성분이다. 생태계에서 인은 지구의 인광석이 수억 년 동안 풍화되면서 해양으로, 생태계로 퇴적되어 인산염으로 존재해 왔으며, 지구생태계 유지에 중요한 부분이다.

(4) 황(S)의 순환

황은 호기성 상태에서 산소와 반응하여 황산기를 생성하며, 혐기성 상태가 되면, 황화수소(H_2S)와 디메틸황화물(Dimethyl Sulfide)을 생성한다. 황화수소와 황화물은 대기에서 산화하여 빗물에 황산과 황산염 형태로 용해되어 산성비의 원인이 되며, 화석연료의 연소로 대량 방출되는 이산화황 성분 또한 산성비의 원인으로 작용한다. 공기의 기체 성분 중 15~25% 정도는 산업 활동에 의해 발생된 것이다. 황의 순환 사이클은 내부와 외부 사이클 두 개로 이루어져 생물권으로 이동한다.

- **내부순환 사이클** : 토양이나 물로부터 먹이사슬(Food chain)과정을 거쳐 다시 물이나 토양으로 되돌아오는 순환이다.
- **외부순환 사이클** : 내부순환에서 발생한 황화합물의 일부가 해양으로 유입되어 기체 상태로 증산되어 육상으로 되돌아오면서 이중 일부는 식물에 흡수되고, 대부분은 눈이나 비로 지상에 낙하한다.

3.3 생태계(Ecology)의 특질

1) 항상성(Homeostasis)[3)]

자연계에 존재하는 생물이나 무생물 인자에 의해 균형을 유지하고자 하는 힘이다. 사람의 경우 Hormone 이 남성성과 여성성을 유지해주는 인자로 작용한다고 할 수 있다. 자연생태계는 지속적으로 순환하고 있으며, 일정한 복원 능력에 의해 항상성이 유지되고 있으나 훼손이 심할 경우 항상성의 균형이 파괴되면서, 생태계가 원상태로 회복되는데 많은 시간과 비용을 초래한다.

3) 항상성(Homeostasis)생물체의 안정을 유지하려는 평형 유지력 예) 남성 호르몬 : 남성성을 유지하려는 경향

2) 안정성(Stability)

자연계는 다양한 동・식물이 동시에 존재함으로써 생태계의 안정성을 유지하고 있으며, 자연계 스스로가 안정성을 지향하고 있다. 동・식물 군집은 동일종 군집과 서로 다른 개체군의 군집이 어우러져 포식자와 피식자, 식물과 곤충, 숙주와 기생생물, 천적관계 등이 복잡한 먹이망으로 연결되어 있으며, 다양성이 풍부할수록 전체적으로 유연하고 탄력적인 안정성을 유지한다.

반면에 자연생태계가 자연재해(폭풍, 쓰나미, 산불 등)로 인하여 일부 파괴되어도, 일정 기간이 지나면, 원상태로 회복되는 복원력이 있으나, 산업 활동의 증가로 인한 환경오염물질 대량 배출과 개발로 인한 훼손된 환경은 점차 복원이 불가능한 단계까지 이르고 있다.

3) 적응성(Adaptablilty)

자연적인 환경에서 생물체가 무생물체와 더불어 생존하기 좋은 환경이나, 생존체계를 형성 가능하도록 적응해 나가는 반응이다. 동일한 환경조건에서 생물종의 서식처 및 특성에 따라 적응에 미치는 영향이 다르며, 생태적 지위(Ecological Niche)에 따라 적응해 살아가므로 동일한 환경에서의 먹이경쟁이 치열하게 일어나지 않는다.

3.4 생태계(Ecology)의 변화

인류가 생태계를 변화시키는 행위는 식량생산 및 증산을 위한 농경지 개발, 산림벌채, 각종 건설 및 구조물 시공, 택지개발 등 다양하다. 대규모 초지개발 및 산림벌채는 식물 및 나무 외 생태계 먹이망과 관련된 식물, 곤충, 조류 등 그 지역 생태계에 의존하며 생존하던 다양한 동・식물의 서식처 파괴로 인한 각 생물들의 멸종위기를 가져올 수 있다. 그 외 변화는 아래와 같다.

1) 개발에 의한 생태계 변화

- 산림벌채 : 표토감소로 인한 강수량 저하
- 과도한 개발 : 척박한 토양 → 사막화 현상 → 토양의 암석화[4)]

2) 대기오염이 생태계에 미치는 영향

대기오염은 인간의 건강과 각 생물체의 생육 및 사멸에 직접적인 악영향을 미쳐 생태계의 균형을 파괴한다. 또 태양열이 지구로 방사될 때 단파방사를 흡수하여 지구를 따뜻하게, 역으로 우주공간으로 적외선을 방열하면서 지구의 온도를 일정하게 유지한다. 복사열이 외부로 방출되지 못하고 지구로 되돌아 오면서 온실효과가 발생한다. 화석연료 연소로 배출되는 CO_2 급증으로 인한 영향은 다음과 같다.

〈CO_2 발생량 증가〉

① 지구의 온난화 야기 → 빙하 해빙 → 해수면 상승(Sea level rise) → 육상 면적 수몰(ex; 투발루, 키리바시 공화국 등) → 향후 수몰위기의 나라(몰디브)

② 도시 Smog 현상(대기오염) → 동·식물의 수명 단축, 인체 호흡기 질환 야기

3) 농약살포에 의한 생태계 변화

우리나라의 주 농작물인 쌀 생산량이 30년 전과 비교하면 2배 이상 증산되고 있다. 농작물 증산을 위하여 사용하는 것이 농약류이며, 농약은 살포하는 즉시 토양에 흡수된다. 그 결과 다음과 같은 해충과 토양의 3R 문제가 발생한다.

- Resistance(저항성)
- Resurgence(해충화)
- Residue(잔류성)

4) laterrite : 토양의 암석화(홍토)

* 농약 살포 → 농작물 → 토양축적 → 초식성 가축 → 인체로 유입(생체농축 Bioaccumulation)

4) 육상 생태계의 변화

삼림의 극상림 상태 → 수렵, 농경시대 → 천연자원의 인공 합성시대 → 환경변혁시대

5) 수역 생태계의 변화

수질오염원 : 가정오수, 도시하수, 분뇨, 축산폐수, 공장폐수, 광산폐수, 유류폐수, 방사선폐수, 냉각수(열폐수) 등 → 부영양화 현상 초래(N, P) → 적조(Red tide) 현상(해양오염의 주범)

chapter

04

대기오염

chapter 04 대기오염

4.1 대기 및 대기오염

1) 대기의 조성

인간이 매일 호흡하는 대기는 약 120개 항목의 원소 및 성분으로 구성되어 있으며, 주 구성 성분은 78%의 질소(N_2)와 21%의 산소(O_2), 기타 1%는 0.9%의 Ar, 0.1%의 미량성분 CO_2, 수증기 등으로 구성되어 있다.

* O_2 → 인체의 혈액 내 Hemoglobin[1]과 결합하여 신체 각 조직에 산소 운반역할(체내 물질연소에 이용)

2) 대기오염의 정의

대기 중에는 다량의 가스상 물질과 입자상 물질들이 존재하며, "자연적으로 존재하는 일정량 및 농도 이상의 대기오염물질이 존재하여 사람의 건강, 재산, 동·식물의 생육환경 및 자연환경에 피해를 주는 현상"을 '대기오염(Air Pollution)'이라 정의한다.

세계보건기구(WHO)는 "대기 중으로 인위적으로 배출되는 오염물질의 양, 농도 및 지속 시간에 따라 불특정 지역, 다수인에게 불쾌감을 주거나 공중 보건상 위해를 가하여 동·식물의 생존 및 인간생활, 재산을 침해하는 현상"을 대기오염으로 정의하고 있다.

1) Hemoglobin : 척추동물의 적혈구에 있는 산소를 운반하는 복합단백질 성분

[표 4-1] 주요 입자상 물질의 정의

항목	정의	입경(mm)
먼지	대기 중에 떠다니거나 흩날려 내려오는 입자상 물질	1~100
매연	연소 시 발생하는 유리탄소가 주성분인 미세한 물질	0.1~1
검댕	연소 시 발생하는 유리탄소가 응결한 입자상 물질	1 이상
훈연	가스상 물질이 승화, 증류, 화학반응하면서 응축하여 생성된 물질	1 이하
연무	증기의 응축 또는 화학반응으로 생성되는 액체입자(주성분은 물)	0.5~3
박무	시야를 방해하는 입자상 물질(수분, 오염물질, 먼지 등으로 구성)	습도 70% 이하
안개	대기의 작은 물방울이 모여 시정거리 1 km 이하인 상태	습도 70% 이상

3) 대기의 자정작용(Self-Purification)[2)]

① **희석작용** : 대기 자체의 희석작용

② **세정작용** : 눈, 비로 인한 대기 중의 먼지, 가스 등의 세정작용

③ **산화작용** : O_2, O_3, H_2O_2의 산화작용

④ **살균작용** : 일광(자외선)에 의한 살균작용

⑤ **탄소동화작용** : 식물에서 CO_2 흡수하고 O_2를 생성하는 탄소동화작용

4.2 대기오염 물질과 발생

1) 대기오염물질

대기오염물질은 「대기환경보전법」에 의거하여 "대기 중에 존재하는 물질에 대한 심사·평가결과 대기오염의 원인으로 인정되는 입자상 물질과 가스상 물질"로 정의한다.

입자상 물질(Particulate matters)은 연료의 불완전 연소나 응축 및 화학반응, 기계적 파쇄, 선별, 이송 등의 과정에서 발생하는 고체나 액체 상태의 대기오염물질이

2) 자정작용(Self-Purification) : 자연은 스스로 일정시간이 지나면 정화되는 능력을 발휘하는 작용

며, 즉, 먼지(dust), 박무(mist), 흄(fume), 검댕(soot), 매연(smoke), 스모그(smog), 안개(fog), 연무(haze) 등이다.

가스상 물질(Gasous pollutants)은 물질의 연소, 합성, 분해 등의 물리적 성질에 의해 발생하는 기체상태의 대기오염물질을 말한다. 즉 이산화 질소(NO_2), 일산화 질소(NO)의 산화반응에 의한 질소산화물(NOx), 황화수소(H_2S), 등 황화합물 및 황산화물(SOx), 오존(O_3)은 휘발성 유기화합물의 광화학반응(Photochemical reaction)[3]으로 발생한다.

(1) 입자상 오염물질(Particulate matters = 분진)

① 먼지의 종류

먼지(dust), 박무(mist), 흄(fume), 검댕(soot), 매연(smoke), 스모그(smog), 안개(fog), 연무(haze), 비산재(fly ash), 미세먼지(PM_{10}), 초미세먼지($PM_{2.5}$), 중금속물질(heavy metal)

② 입자상 물질의 크기

- **미세먼지**(PM_{10}, fine particle) : 대기 중에 부유하는 입자상 물질의 크기는 10㎛ 정도.
- **조대입자**(Corse particle) : 입자의 직경 2.5㎛↑(이상) ~ 10㎛↓(이하)
- **초미세먼지**($PM_{2.5}$, Ultra fine particle) : 입자의 직경 2.5㎛↓(이하)
- **총부유분진**(TSP : Total Suspended Particle) : 미세입자 + 조대입자

(2) 가스상 오염물질(Gasous pollutants)

가스상 오염물질은 연소, 합성, 기화, 화학적, 물리적 성질에 의해 기체 상태로 대기오염을 유발하는 물질이다. 즉, 황산화물(SOx), 이산화질소(NO_2)는 일산화질소(NO)의 산화반응으로 발생하는 질소산화물(NOx)과 오존(O_3)은 휘발성 유기화합

3) 광화학반응(Photochemical reaction) : 대기오염물질과 태양광과 반응하여 2차 오염물질을 생성하는 것. 예) O_3, PAN, PBN 등

물(VOCs)의 광화학반응(Photochemical Reaction)으로 발생되며, 기타오염물질은 염소(Cl_2), 염화수소(HC), 불화수소(HF), 일산화탄소(CO), 황화수소(H_2S), 암모니아(NH_3), 시안화수소(HCN), 다이옥신(Dioxin) 등이다.

① 탄소함유 가스

일산화탄소(CO), 탄화수소(HC) 및 산화탄화수소(HCO) 등이 있다. CO는 화석연료의 산소부족 상태에서 연소 시 발생하며, 무색, 무취의 유독성을 가진 가스이므로 위험하다.

산화탄화수소(HCO)류 가스는 탄소, 수소와 산소로 구성된 화합물로써 연소과정에서도 발생하고 태양광, 탄화수소와 산소의 광화학 반응으로 생성되는 2차 대기오염물질이기도 하다. HC와 HCO의 대부분은 유해성 물질이며, 벤젠(C_6H_6)은 대표적 발암물질이다.

② 황산화물(SO_x)

화석연료 중 황성분의 연소 시 산소와 반응하여 생성되며, 이산화황(SO_2), 삼산화황(SO_3)을 함께 황산화물(SOx)이라 칭한다. 주 대기오염물질인 SO_2는 수용성의 무색 자극성과 불연성 가스이다.

SO_2는 대기 중의 다른 물질과 반응하여 황산입자와 황산염 같은 황화합물을 생성한다. 인체에 미치는 영향은 고농도에 노출 시 기침, 콧물, 담 등 호흡곤란을 초래하며, 심한 경우 기관지염, 폐렴, 폐수종 등의 호흡기 질환을 야기시킨다. 그 외 황 함유 가스는 탄소, 수소, 황(CHS)의 혼합물인 멜캅탄(Mercaptan)과 황화수소(H_2S)가 있으며, 이 가스들은 달걀 썩는 냄새를 유발한다.

③ 질소산화물(NO_x)

일산화질소(NO), 이산화질소(NO_2), 일산화이질소(N_2O) 등의 질소함유 가스이며, 주로 NO와 NO_2를 NOx라 한다.

NO는 무색 무해한 가스로 고온 연소 시 발생되며 산소와 반응하여 NO_2를 형성하여 광화학 반응에 의해 광화학스모그를 발생한다. NO_2는 자극성 가스로 노란 갈색을 띠며, 고농도는 갈색으로 눈, 코의 점막을 손상시키고 심한 경우 만성 기관지염, 폐렴, 폐출혈, 폐수종으로 발병한다. NO, NO_2 외 탄소, 수소, 질소(CHN)로 이루어진 유기질소 화합물이 있으며, 광화학반응으로 발생되는 PAN, PBN[4] 등이 있다.

④ 오존(O_3)

대기 중에서 자연적으로 소량 생성되며, 태양광, 질소산화물과 탄화수소의 광화학 반응으로 생성된다.

오존의 3가지 발생원은

- 성층권에서 산소와 자외선 광화학반응에 의한 발생
- 번개에 의한 미량 발생
- 대류권에서 자동차, 공장, 가정에서 발생하는 NOx와 VOCs의 광화학 반응에 의해 발생

⑤ 벤젠(C_6H_6)

무색투명한 휘발성 액체로 공기 중에 배출될 때 휘발유와 유사한 냄새를 띤다. 단시간에 고농도에 노출되면 마취성과 졸림 증상이 나타나며, 심하면 호흡곤란과 혼수상태에 빠지거나, 만성중독 시 혈액 및 간장 장애를 일으키며, 발암 물질로 규정하고 있다.

(3) 액체상 오염물질

대기오염물질이 강우와 함께 지상으로 낙하하는 산성눈, 비(황, 질소산화물 증가의 원인)

4) PAN(Peroxyacetyl Nitrate), PBN(Peroxybenzoic Nitrate)

2) 대기오염물질의 발생원

대기오염물질의 발생원은 고정발생원(Fixed Source)과 이동발생원(Mobile Source)이 있다.

(1) 고정 배출원(Fixed Source)

공장, 건물, 주거지 등과 같은 고정된 지역에서 발생하는 것으로 질소비료, 합성섬유, 냉매제조업 등과 금속표면 처리공정, 질산, 시안화 수소, 아민류 제조공정 등에서 가스상 물질들이 발생하며, 경유자동차, 골재채취장, 공사장, 시멘트 공장, 안료제조업, 도금공장, 농약제조업 등에서는 입자상 물질들을 배출한다.

(2) 이동 배출원(Mobile Source)

자동차, 비행기, 선박, 산불, 태풍, 지진, 해일, 화산폭발 등 이동하면서 배출하는 것을 말한다.

3) 대기오염의 분류

대기오염은 발생원에서 직접 배출된 오염물질을 1차 오염물질, 그 1차 오염물질과 다른 물질이 대기 상에서 광화학 반응하여 산화된 물질을 2차 오염물질로 분류한다.

(1) 1차 오염물질(Primary pollutants)

고정 및 이동배출원에서 직접 대기로 배출한 대기오염물질을 말하며, 태양광과 반응하지 않고 단독으로 존재하는 대기오염물질이다.

(2) 2차 오염물질(Secondary pollutants)

대기로 직접 배출된 1차 오염물질 중 일부가 태양광과 광화학 반응하여 생성된 물질을 2차 오염물질이라 한다. 광화학반응(Photochemical reaction)은 오후 1~4

시 사이 자외선 지수(370nm)가 강한 시간에 탄화수소(HC)와 NO_2의 반응에 의해 생성되며, 그 물질은 O_3, PAN, PBN, Aldehyde 등이다.

※ Smog[5] : 대기 중에 배출된 오염물질(NOx, HC, SO_2)이 광화학 반응(Photochemical reaction)에 의해 산화물질(Oxidants : O_3, PAN, PBN)인 유독성 물질로 전환된것으로 도심의 안개 같은 모습

4.3 대기오염의 영향

1) 세계적인 대기오염 사건

(1) 런던 스모그

영국은 산업혁명의 선도국가로서 1952년 12월 4일 영국 런던은 구름과 스모그로 낮에도 앞을 볼 수 없을 정도로 어두웠고 갑자기 추워진 날씨에 습도는 80%가 넘는 기상 상황이었다. 당시 난방 연료는 주로 석탄을 사용하였고, 연소가스가 정제되지 않은 채 대기 중으로 배출되고 있었다. 이날은 기온 역전으로 연소가스가 대기에 정체하였고, 연소가스와 짙은 안개가 합쳐져 스모그를 형성하였다.

이 스모그 현상이 1주일 이상 계속되었고 사건 발생 후 3주 동안에 호흡장애와 질식으로 4,000여 명이 사망하였다. 지속적인 만성폐질환으로 8,000여 명의 사망자가 더 늘어나 총 1만 2000여 명이 사망한 최악의 대기오염 사건이었다. 이로 인해 영국은 1953년 대기오염 실태와 대책을 연구하는 위원회를 설치하였으며 이 위원회가 제출한 보고서를 기원으로 세계 최초로 1956년에 「대기청정법」(Clean Air Act)을 제정하였다. 가정용 연료를 석탄에서 천연가스로 교체하기 시작하였고 연소가스를 규제하기 시작하였다.

5) Smog(Smoke+fog의 합성어), 광화학 반응(Photochemical reaction)에 의해 산화물질(Oxidants : O_3, PAN, PBN)인 유독성 물질로 전환된 물질

(2) LA 스모그

1930년대부터 미국 로스앤젤레스에서 대기오염물질이 문제가 된 것은 산업화에 따른 분진이었으며 오염현상이 런던 스모그와 유사하였다. 특히 더운 여름철인 8~9월 중 기온이 높은 정오경에 자주 발생하여 미국 정부는 스모그 통제 방법으로 탄화수소 배출을 줄이도록 하였고 정유공장의 배출에 엄격한 통제를 가하여 심각한 상황은 모면하게 되었다. 1951년에 과학자 하겐 스미스에 의해 자동차로부터 배출되는 탄화수소, 질소산화물, 황산화물 등이 강렬한 태양광에 의하여 유독성 스모그를 형성한다는 것이 밝혀졌다. 또한 이산화황과 안개에 의해 발생되는 스모그와 구별하여 광화학 스모그라고 칭하고 '로스앤젤레스형 스모그'라고도 한다. 이러한 스모그 현상은 서울에서도 1980년대 이후 자주 발견되었다. 미국 캘리포니아주는 자동차 배출가스 규정을 세계에서 가장 강력하게 갖고 있으며 전기자동차 도입을 강력히 추진하였다.

(3) 벨기에 뮤즈 계곡(Meuse Valley) 사건

1930년 12월 겨울에 벨기에의 공장 밀집 지역인 뮤즈 계곡에서 발생한 사건이다. 이 지역은 초겨울에 온도가 급강하하면서 당시 바람이 불지 않아 공장에서 배출된 이산화황, 불소화합물, CO, 미세먼지 등이 20여 km 구간에 걸쳐 연무 상태로 3일 동안 정체되면서 60여 명이 수일 만에 사망한 사고이다. 이후 심장병 및 폐질환을 앓고 있던 노인들의 사망률이 증가하였고 급성호흡기 질환자 수백 명이 발생하였다. 가축과 주변 산림이 대부분 고사하여 뮤즈 계곡은 죽음의 계곡이라 칭해졌다. 산업화에 따른 대기오염의 심각성을 경고한 대표적인 사고였다.

(4) 미국 도노라 계곡(Donora Valley) 사건

1948년 10월 미국 펜실베이니아주의 공업도시인 도노라시의 산업화 과정에서 도시 전체에서 발생한 대기오염 사건이다. 4일간의 무풍 상태에서 기온역전으로 각 공장에서 배출된 이산화황 가스가 정체되고 안개와 함께 연무가 발생하여 도시인구 14,000명 중 6,000명이 심장질환, 기침, 호흡곤란 등을 겪었고 18명이 사망한 사건이다.

2) 대기오염의 영향

(1) 인체에 미치는 영향

WHO는 대기오염으로 인한 사망자가 연간 130만 명이며 대기오염은 인간의 건강과 생활환경에 많은 영향을 미친다고 보고하였다. 인체의 호흡기는 대기오염의 직접적인 피해를 받는다. 코에서 폐까지의 기도 내면에서 오염물질의 큰 입자는 거를 수 있으나, 작은 입자나 가스는 폐 깊숙이 침투하기 때문이다. 최근 초미세먼지의 관리 필요성이 급증하는 이유도 인간의 건강에 심각한 영향을 미치기 때문이다. 이러한 대기오염은 개인 스스로 제어하기 어렵고 노출을 피하기도 어렵기 때문에 공공의 대기보전 정책이 매우 중요하다.

(2) 식물에 미치는 영향

대부분의 식물은 대기오염물질에 민감하며, 일부 식물은 특정 오염물질에 대해 가시적인 피해를 보이기 때문에 그 지역의 오염정도를 추정하는 대기오염의 지표로 사용되기도 한다. 오염물질은 좁은 기공을 통해 잎으로 들어가게 되므로 입자상 오염물질보다는 가스상 오염물질에 직접적으로 반응을 나타내며 피해 정도는 오염물질의 특성, 기후조건, 토양조건, 생물학적 요인 등에 따라 다르게 나타난다. 또 농작물의 생산에도 영향을 미친다. 즉, 작물의 생산시기를 연장 또는 단축시키거나 생산량을 감소시킬 뿐 아니라 생산비용을 증가시키기도 한다.

(3) 재산 및 타 물질에 미치는 영향

대기오염물질은 주변 환경의 오염은 물론 금속을 부식, 변색시키고 고무제품을 노화시키며 의류, 가구를 오염시키기도 한다. 또한 건축물이나 기념물을 부식시키고 면, 모, 실크, 나일론 등의 섬유를 약화시킨다. 오존, SO_2, 황산, 질산 같은 산은 섬유의 노화와 건축물의 부식을 촉진시키며 대기 중에 노출되어 있는 철은 오염물질의 성상과 수분, 온도 등 기상조건의 영향에 따라 부식되는 속도가 빨라진다. 예를 들어 영국 산업지대에서의 부식 정도는 아프리카 건조지역의 100배 이상이다. 전자산업에 많이 쓰이는 구리와 은의 경우 H_2S와 같은 오염물질에 노출되면 황의 피막이 생겨 전기 접합부의 저항이 높아져 타 물질의 기능을 저하시키는 부정적 영향을 미친다.

(4) 기상에 미치는 영향

대기오염은 시정거리를 단축시켜 교통 소통에 방해를 주고 심미적으로 악영향을 미친다. 대기 중에 미세먼지나 오염가스가 많을 경우에는 광산란에 의해 영향을 많이 받아 대기의 색깔을 변화시키기도 한다. 특히 오염물질의 입자크기가 0.3㎛~1.0㎛ 정도로 작은 경우, 광산란에 의한 '갈색 구름' 또는 '노을'로 나타난다. 또 SO_2, HC, NO_x 등 가스상 물질은 광화학 반응을 통해 더욱 많은 입자상 물질을 생성시킨다. 이외에도 오염물질이 기상에 미치는 영향은 다양하다.

첫째, 안개 발생 빈도가 증가하며, 황산염이나 질산염과 같은 입자상 물질은 물과 결합하여 상대습도가 100% 미만에서도 안개를 만든다.

둘째, 대부분의 작은 입자는 구름 생성에 필요한 핵으로 쓰여 강수량을 증가시킨다. 따라서 입자상 오염물질의 배출이 많은 곳에 강수량이 증가할 수 있다.

셋째, 대기온도는 온도상승 이론과 하강 이론이 있으며 CO_2는 주로 화석연료의 연소과정에서 배출되며 지구온도를 상승시키는 온실효과(Green House Effect)를 가진다. 반대로 대기 중의 입자상 물질이 태양광을 차단하여 에너지의 지상 도달을 방해하며 그 결과 지표면 온도가 하강하게 하는 차단효과(Blocking Effect)를 나타낸다.

[표 4-2] 주요 대기오염물질의 영향

항목	영향	발생원
먼지	시정장애, 폐질환의 악화, 금속의 부식, 화학반응의 촉진 등	가정용 난방, 차량 배기가스, 타이어 마모, 나대지 등
오존	폐기능 손상, 눈, 코, 목 등 호흡기관 점막 자극, 작물 및 수목잎의 변색, 고무의 균열 등	차량 배기가스 중 포함된 이산화질소의 광화학적 분해에 의해 생성
이산화질소	호흡기 점막 자극, 금속의 부식, 식물생육 방해, 갈색 연무의 발생 등	산업체 및 화력발전소의 연료사용, 가정용 난방, 차량 배기가스 등
이산화황	호흡기 점막 자극, 만성 기관지염, 천식, 식물잎의 피해, 건물 및 동상의 부식 등	산업체 및 화력발전소의 연료사용, 가정용 난방, 차량 배기가스 등
탄화수소	암 발생률의 증가, 식물 생육 장애, 식물잎 및 싹의 비정상적 생장 등	차량의 배기가스, 가정 및 산업체 배출가스 등

4.4 대기오염 물질 기준 및 저감대책

1) 국내 대기질 현황

국내 대도시의 대기기준 현황은 1970~1980년대까지 대기오염도 가장 높은 상태였다가 점점 감소하는 추세를 나타냈다. 특히 CO와 SO_2 오염도는 크게 저감하는 선진국형 오염현상을 나타낸 반면 PM_{10}과 NO_2 오염물질의 저감 속도는 느리고, 선진국 도시들에 비해 2배 이상의 오염도가 높은 현상을 나타냈다.

(1) 대기오염물질

① SO_2(이산화황) : SO_2 농도는 2000년대 이후 승용차 및 화물차 등이 증가함에도 불구하고 소폭 감소하는 추세를 나타냈다. 그 이유는 우리나라가 황함유 기준(1981년)과 배출허용기준을 강화해 후진국 형 SO_2 대기오염현상을 탈피하였기 때문이다.

[표 4-3] 국내 주요도시의 SO_2(이산화황) 농도 (단위 : ppm)

구분	2012	2013	2014	2015	2016
서울	0.005	0.006	0.006	0.005	0.005
부산	0.006	0.007	0.007	0.006	0.005
대구	0.004	0.004	0.004	0.003	0.003
인천	0.007	0.007	0.007	0.006	0.006
광주	0.004	0.005	0.004	0.003	0.003
대전	0.004	0.004	0.004	0.004	0.003

② NO_2(이산화 질소) : 전국적으로 소량씩 개선되고 있으나 선진국과 비교하면, 여전히 높은 수준을 유지하는 이유는 자동차의 증가와 산업체 배출량이 높기 때문이다.

③ TSP(총부유분진 Total Suspended Particulate) : 2016년 우리나라 서울시의 연평균 PM_{10} 농도는 48~58㎍/㎥의 농도를 나타내고 있다. 수도권의 경우 이천이 가장 높고, 광주가 가장 낮은 오염도를 나타내고 있다.
지역별로는 비슷한 수준을 나타내고 있다. 전국적으로 조금씩 개선되는 추세를 보이고 있으나, OECD 주요 선진국과 비교하면, 미흡한 실정이므로 사람들의 건강 위해성 문제가 제기되고 있는 실정이다. 특히 서울의 초미세먼지 농도 $PM_{2.5}$의 경우는 23~26㎍/㎥를 나타내고 있어 사람들의 생활 및 건강이 열악한 대기환경에 노출되고 있어 문제가 심각한 상황이다.

2) 대기환경기준

「대기환경보전정책」[6]은 국민의 건강이나 환경에 있어서 대기오염으로 인한 위해를 예방하고 대기환경을 청정하고 지속가능하게 관리 및 보전하여 모든 국민이 쾌적한 환경에서 건강하게 생활할 수 있게 하는 정책이다. 이 목표 달성을 위한 국가적인 책무는 대기환경기준을 국제적인 기준 또는 그 이상으로 설정하고 기준을

6) 대기환경보전 정책 : 대기질을 개선하기 위한 정부가 정한 정책 중 하나이다.

초과하지 않도록 산업현장, 자동차, 건물 등 각 배출원 별로 오염물질 관리대책을 수립 및 추진하는 것이다. 대기환경기준[7]은 우리나라가 지향하는 목표치를 설정해야 한다는 뜻이다.

「환경정책기본법」에서 규정한 환경기준은 대기, 수질, 폐기물 및 소음 · 진동, 악취 등 분야별로 설정되어 있다. 대기환경기준은 1978년에 최초인 CO_2에 대한 기준을 규정했으며 현재 8개 항목으로 규정하고 있다. 전반적으로 주요 선진국과 비교해서 기준치에 근접하며, 우리나라는 대부분의 선진국들이 이미 시행하고 있는 초미세먼지 $PM_{2.5}$에 대한 기준을 2018년부터 적용, 시행하고 있다.

[표 4-4] 대기환경 기준 8개 항목

항목		2011년 이후	2018.03.27. 이후
ppm	SO_2	0.02/년, 0.05/일, 0.15/시간	-
	NO_2	0.03/년, 0.06/일, 0.1/시간	-
	CO	9/8시간, 25/시간	-
Dust ($\mu g/m^3$)	TSP	-	
	미세먼지(PM_{10})	50/년, 100/일	-
	초미세먼지($PM_{2.5}$)	25/년, 50/일	15/년, 35/일
O_3(ppm)		0.06/8시간, 0.1/시간	-
Pb($\mu g/m^3$)		0.5/년	-
HC(ppm)		-	-
벤젠($\mu g/m^3$)		5/년	-

출처 : 환경정책기본법 시행령 [대통령령 제28720호, 개정 후 시행 2018. 3. 27.]

3) 대기오염물질 저감기술

(1) 입자상 오염물질의 처리

입자상 오염물질의 제거 처리 방식은 다음 4가지 방식이 있으며, 배출가스의 양,

7) 대기환경기준 : 공장등의 배출자가 의무적으로 준수해야 하는 배출허용기준이며, 준수하지 않으면 벌칙부과됨.

질, 제거목표기준 등을 기초로 하여 단위장치를 조합하여 처리공정을 구성한다.

① **원심력집진기**는 사이클론(Cyclone)장치이며, 원심력을 이용하여 입자상 오염물질을 원통 속에서 회전시켜 강제 흡입하는 제거장치이다. 사이클론의 입구 유속은 7~15m/sec 속도의 원심력으로 10㎛이상의 입자를 99.9%, 5㎛이하의 입자는 60% 정도 제거된다.
가스상 오염물질 처리도 가능하며, 함진가스량이 많을수록 Cyclone body 지름을 최대 축소하고, 유입가스 속도를 12~15m/sec의 빠른 속도로 설계하면, 집진율을 높일 수 있다. 사이클론은 건식이며, 먼지와 유해가스의 혼합물질 제거에는 습식 사이클론 스크라버 Cyclone scrubber(1~2m/sec)을 이용하였다, 최근에는 미세먼지까지 제거하기 위하여 Multicyclone을 개발하여 사용중이다.

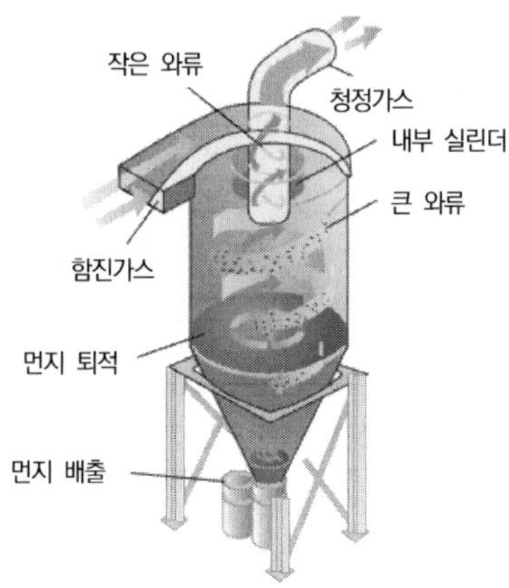

〈그림 4-1〉 사이클론의 구조

② **세정집진기**(Wet scrubber)는 분진을 함유한 가스상 오염물질에 물을 분사하여 관성충돌, 흡수와 확산에 의해 분진을 세정하는 방식이다. 물이 0.1~ 100㎛ 분진에 부착하여 입자상 물질끼리 응집시켜 분진 및 유해성 가스물질까지 제거하는 습식 집진시설이다. 반면에 오수가 발생하여 오·폐수처리 시설이 필요한 것이 단점이기도 하다.

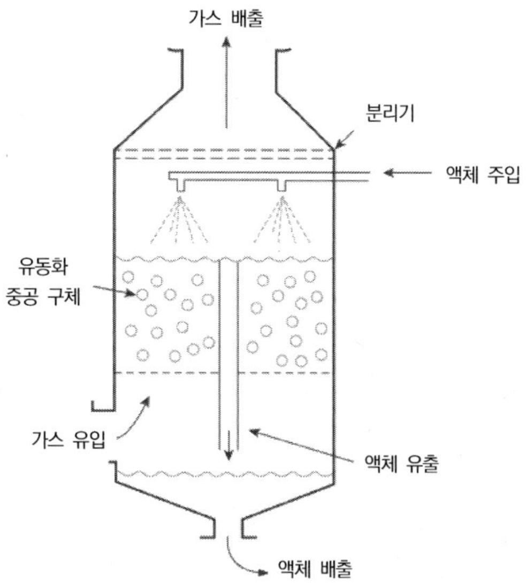

〈그림 4-2〉 세정집진장치의 구조

③ **여과집진기**(Bag filter)는 가스상 오염물질을 합성섬유 등의 다공질 섬유로 제조한 여과제를 통과시켜 입자상 물질을 포집하는 필터장치이다. 1㎛ 이상의 입자를 99.9% 이상 제거하는 건식 집진장치이다. 단 가스상 오염물질의 온도가 250℃ 이하까지 포집이 가능하며, 설치비가 비싼 단점이 있다.

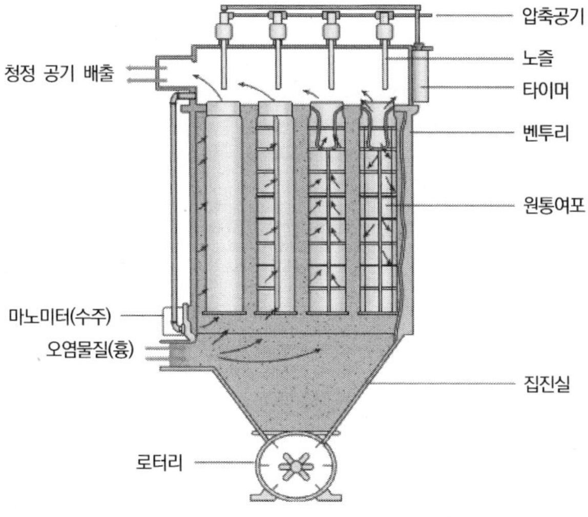

〈그림 4-3〉 여과집진장치의 구조

④ **전기집진기**(Electrostatic Precipitator)는 미세입자를 강한 정전기력을 이용한 집진방식으로 함진 가스상 물질의 미세입자가 띠는 음전하와 전기집진극의 양전하의 흡착에 의해 0.1㎛이상의 입자를 99% 이상 제거하는 고효율 집진장치이나 설치비가 비싼 단점이 있다.

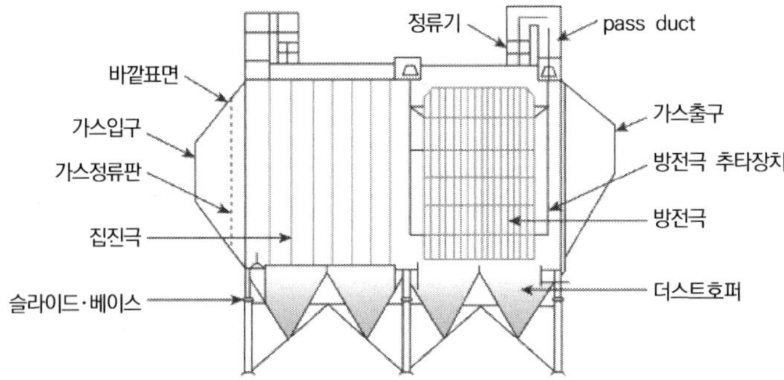

〈그림 4-4〉 **전기집진장치의 구조**

(2) 가스상 오염물질의 처리

일반적으로 연소, 소각 및 생산과정 등에서 발생하는 유해성 가스 또는 배출가스 혼합물질 등을 제거하기 위한 처리 공법은 다음과 같은 단독 또는 혼합형 기술로 처리할 수 있다.

① **흡수법**(Absorption) : 다양한 불순물을 함유한 유해가스가 물에 잘 녹는 수용성(HCl, NH_3, HF, Cl_2, etc.)일 경우 물을 흡수액으로 사용하여 제거하고 남은 정화가스와 분리하는 방법이다. 액체를 분산시키는 대기오염 방지시설은 분무탑, 충진탑, 벤튜리 스크러버, 하이드로 필터 등이 있다.

② **흡착법**(Adsorption) : 오염물질을 흡착제의 표면에 물리화학적으로 흡착시켜 제거하거나 유기용매를 회수하는 데 이용하는 건식법이다. 비교적 가격이 저렴하며, 다공성이 좋은 활성탄은 표면적이 500~1,500m^2/kg, 흡착성은 70~80% 제거 가능하여 가장 많이 이용하고 있다. 이 외 흡착제 종류는 알루미나(Al_2O_3), 실리카겔, 보크사이트, 분자체, 규조토 등이 있다.

③ **연소법**(Incineration) : 배출가스 중 연소 가능한 휘발성 유기화합물 등을 직

접 연소시켜 CO_2와 H_2O로 전환시키는 방법이다. 배출 가스량은 많고 오염농도가 낮은 경우에 이용되며, 주로 악취성분, 유기성 에어로졸, 정유공장에서 배출되는 연소성이 큰 배출가스 제거에 유용하다.

④ **촉매전환법**(Catalytic conversion) : 산화법의 일종이며, 오염물질을 고체촉매와 산화반응 하는 것으로 촉매를 이용하여 산화 효율을 높이고 반응온도를 낮춰서 제거하는 방법이다. 휘발유 승용차의 HC와 CO저감을 위하여 3원 촉매장치를 장착하는 것이 대표적이다.

⑤ **응축법**(Condensation process) : 가스상의 오염물질을 응축냉각시켜 액체상으로 전환하여 제거하는 방법이다.

(3) 자동차 배출가스 저감대책

자동차는 휘발유 자동차와 경유 자동차로 분류되며, 자동차 배출가스 발생은 차종, 주입연료, 엔진 등에 따라 배출오염 물질이 다르게 발생한다. 매연, 알데하이드류, 발암물질(벤조피렌) 등의 유해물질이 많이 발생하는 반면 CO_2는 적게 발생한다. 또한 자동차 배출가스 저감 대책은 발생원에서 줄여야 효과적이므로 자동차의 연료 개선, 저공해 엔진 개발, 청정에너지원(전기, 태양열) 자동차 개발이 최우선적으로 중요하다. 따라서 자동차 배출가스 저감 방안은 다음과 같다.

① **저공해 자동차 보급** : 현재 대중교통을 위한 시내버스는 천연가스 버스로 교체되고 있으며, 향후 시외버스, 학교버스, 화물차 등의 차량들도 점진적으로 천연가스(CNG)차량으로 교체하거나, 친환경 자동차 종인 전기자동차, 수소연료전지자동차 등으로 보급해 나가야 할 것이다.

② **자동차 제작 시 배출허용 기준 강화**[8] : 자동차 공해를 저감 하기 위하여 제작 시 경유차의 경우 2009년 이후 출시되는 차량부터 EURO V와 비교하여 미세먼지와 질소산화물(NOx) 배출허용기준이 50% 강화된 EURO VI 기준을 적용하고 있으며, 휘발유 및 가스 차량에 대해서는 2025년까지 배출허용기준보

8) 자동차 오염물질 배출 허용기준 : 표 4-5 참고

다 82%까지 저감하는 SULEV(Super Ultra Low Emission Vehicle 극초저 배출차량) 수준으로 강화될 예정이다.

③ **자동차용 연료 품질기준** : 자동차 배출가스로 인한 대기오염을 저감하기 위하여 연료의 품질을 향상시켜 왔으며, 대기오염 성분 중 인체에 직접적으로 영향을 미치는 납(Pb), 인(P)성분의 규제와 벤젠과 같은 방향족 화합물 황(S)성분의 기준을 지속적으로 강화하거나 관리해 나가야 한다.

④ **자동차 공해 저감을 위한 시행 중인 제도**

- **공회전**(idling) **제한** : 겨울철 시동 시 최대 3~5분 이하
- **엔진결함시정제도**(Recall system) : 자동차 보증기간 내 배출가스허용기준 준수확인을 위한 배출가스 검사 실시(결함 시 배출가스부품 결함보고서 작성 및 시정)
- **환경친화적인 교통체계**(EST) : 환경적으로 지속가능한 교통정책(Environmental sustainable transportation) 자가 차량 운행 억제를 위한 대중교통 체계 확대
  ex) 혼잡통행료부과, 버스전용차로제, 환승주차장, 전기트램, 지하철 이용체계 확대 등
- **운행차량 관리 강화** : 배출가스저감 장치(DPF : Diesel Particulate Filter, Catalyzed Particle Filter) 부착, 조기폐차, 저공해화 사업 지속

[표 4-5] 자동차 오염물질 배출 허용기준(2018년)

구분(g/km)	NOx + HC	PM	CO
휘발유/가스차(2016.1~)	0.019	0.002	0.625
경유차(2015.9~)	0.09	0.0045	0.500

chapter

05

수자원과 수질오염

chapter 05 수자원과 수질오염

5.1 수자원과 수질오염

1) 수자원의 분류

물은 지구상 생물의 생명유지를 위하여 다양한 형태로 존재하며 이용된다. 또한 지구의 표면적 5.1억 km^2 중 약 70%에 해당하고 그 중 13.7억 km^3가 해수의 양(97.5%)이다. 또한 그 외의 물은 빙하 1.75%, 지하수 0.72%, 하천수 0.0001%이며 담수는 지표수로 2.5%를 차지하며 농업·공업용수 등으로 이용하고 있다. 지구상의 수자원 분포는 [표 5-1]과 같다. 그 중 비교적 용이하게 이용할 수 있는 수자원은 하천, 호소의 물이며, 지하수는 0.8%에 불과하다.

(1) 지표수

지표수(Surface water)란 하천이나, 호수, 지하수, 계곡 등에 존재하는 물이다. 지표수는 적당한 유기물이 있고, 세균 및 각종 미생물이 번식하기 쉬우며 탁도는 지하수보다 높은 편이다. 낮은 경도와 철, 망간 등의 무기이온 함량은 적고 용존 산소량은 높다. 하천수는 대부분 산악지대에서 발원하여 계곡을 따라 흐르면서 자연계의 낙엽, 고목, 동물의 사체 등으로 오염된 물이 자정작용으로 정화되어 저수지나 호수로 유입된다.

최근에는 도시화, 산업화로 인하여 증가된 인구가 배출하는 도시하수와 산업현장에서 발생하는 산업폐수에 의해 오염되어 수질이 악화되고 있다. 특히 상수원으로 이용되는 지표수는 지속적으로 철저한 관리가 필요하다. 오염된 수질로 인한 수인성 전염병 감염 등은 인체에 직접적인 질병을 집단적으로 야기할 수 있다.

① **하천수**(Stream water) : 물의 순환과정에서 육상에서 바다로 흘러가는 중요한 경로가 바로 하천이다. 특히 강물은 지하수와 같이 인간 생활 및 생물 생존에 필수적인 음용수와 생활용수 자원인 동시에 수력발전 자원과 관개용수 및 수송 수로 등의 기능도 크다. 눈비로 인한 침식작용으로 발생된 부유토사 및 점토입자 등이 강물로 유입되어 퇴적되는 물질은 기후나 암석의 종류 및 토양 성분에 따라 달라진다.

② **호소수**(Lake water) : 지표수, 지하수, 또는 늪지대의 물이 합쳐서 이루어진다. 기후, 지형상태나 지역에 따라 염도 및 산도가 다양하고도 다르다. 호수는 인간 생활과 산업 활동에 필요한 수자원 공급가치가 높기 때문에 댐이나 저수지 같은 인공호수를 건설하고 있다. 또한 호수의 물은 유속이 느리므로 정체수역이거나, 자정작용능력이 둔화되어 한번 오염되기 시작하면, 부영양화 등의 2차오염이 유발될 우려가 크다. 따라서 호수수질을 청정하게 유지해야 하며, 주변지역으로부터 오수가 유입되지 않도록 수질관리를 지속적으로 해야 한다.

(2) **지하수**(Ground water)[1)]

지표면 아래로 흐르는 물이며, 우수기에 지표면에 내린 빗물 중 일부가 지하로 침투되어 지하부로 이동하면서 불포화층인 토양이 통기대로 만든 공극에 물과 공기가 채워지고, 이 물은 중력에 의해 통기대를 거쳐 포화대로 내려와 지하수를 이룬다. 통기대와 포화대 상부 즉, 지표에서 약 30m 이내를 지하수면이라 하고, 물이 포화된 곳을 대수층(Aquifer)이라 하며, 물의 침투력이 높다. 지하수는 인위적으로 오염행위를 하지 않으면, 오염될 확률은 적지만 한번 오염되면 심각한 문제를 야기 할 뿐 아니라 회복하는데 장기간의 시간과 비용이 많이 든다. 그 이유는 다음과 같다.

① 오염된 지하수는 암석 깊은 곳에 위치하므로 산소와 미생물이 적어 정화 과정

1) 지하수의 유속은 지질 환경조건에 따라 다르므로 유속도 일정치 않다. 1~2m/year만 이동하는 경우도 있음

이 어렵다.

② 지하수의 오염상태를 측정하기 어려우며 인위적으로 정화하기 어렵다.

③ 지하수 오염은 장기적으로 발생하고 유속이 느리기 때문에 오염물질을 바다나 하천으로 흘려 보내면서 세정하는데 수 년에서 수십 년이 걸릴 수 있다.

따라서 지하수 이용 시에는 이용자 다수가 공공재를 아끼고 보호하면서 오염물질이 유입되지 않도록 유의해야 한다.

[표 5-1] 지구상의 수자원 분포

구분		지구상의 분포	
		부피(10^{12} ㎥)	비율(%)
총계		1,360,000	100
해양		1,320,000	97.2
육지	육지 계	37,800	2.8
	담수호	125	0.009
	염수호/내해	104	0.008
	하천	1.25	0.0001
	토양수분	67	0.005
	지하수	8,350	0.61
	빙하	29,200	2.14
	대기(수증기)	13	0.001

(3) 우수(Rain water)

해수와 지표수가 증발 응축하여 지상으로 눈, 비로 낙하한 물이다. 대기 중에 부유하고 있는 대기오염물질 즉, SOx, NOx 등의 영향으로 산성비[2)]가 되어 pH 5.6~6.0 정도이며 가끔 pH4 정도를 나타내어 삼림이나, 농작물에 영향을 주기도 한다. 지표수가 부족한 곳에서는 빗물 재이용이 큰 수자원 역할을 하므로 앞으로 물

2) 산성비의 pH5.6 이하인 경우를 말한다.

부족 국가나 지역에서 빗물 재이용 시설을 설치하여 이용하는 곳이 늘어날 것으로 예측하고 있다.

(4) 복류수(River bed water)[3)]

하천의 저지대 혹은 측부가 모래나 자갈로 구성된 지질층 내부로 침투하여 채워진 물이다. 지표수와 지하수 성분과 유사하며, 수질이 양호하여 상수원으로 이용되기도 한다.

(5) 해양(Ocean)

육상의 모든 담수가 최종적으로 도달하여 바다를 이루는 곳이다. 지상에서의 물질순환 과정과 에너지의 이동이 일어나는 곳으로 지구환경을 유지하는 핵심적인 기능을 가진 수역이라 할 수 있다. 해수의 평균 염도는 35,000 ppm 이며 이는 음용수의 최고허용농도의 70배에 달한다.

(6) 빙하(Gracier)

지표수 수자원 중 가장 많은 담수를 고체형태로 저장하고 있다. 지표면의 수원 10%가 빙하이며, 남극 대륙에 85%, 그린란드 11%, 기타 4%로 구성되어 있다.

빙하는 생성과 소멸 과정에서 기후에 막대한 영향을 미치며, 지구온난화로 인하여 빙하가 녹고 있으며, 이로 인한 해수면 상승으로 육상면적이 점차 수몰되어 가고 있다. 대표적으로 투발루는 해수면 상승으로 인해 국토가 점점 사라지고 있다.

2) 물의 순환

물은 지구상 생물의 생명유지를 위하여 끊임없이 순환하며, 성상은 고체, 액체, 기체 상태로 증발, 농축, 응축과정이 연속적으로 일어나며, 즉 대기 중에 존재하는

3) 국내에서도 수질이 양호한 강변여과수의 상수원화를 위해 낙동강 하류에서 채취 하였으나, 양이 적어 실용화 못함.

수분은 증발 후 응축하여 눈과 비, 우박 등으로 지상으로 떨어진다. 지표면의 수분이 증발하여 대기 중에 구름 또는 안개의 물방울입자가 5~50㎛ 크기의 극미세 입자이며 기온이 하강 할수록 0.2~0.5mm 크기의 빗방울이 된다.

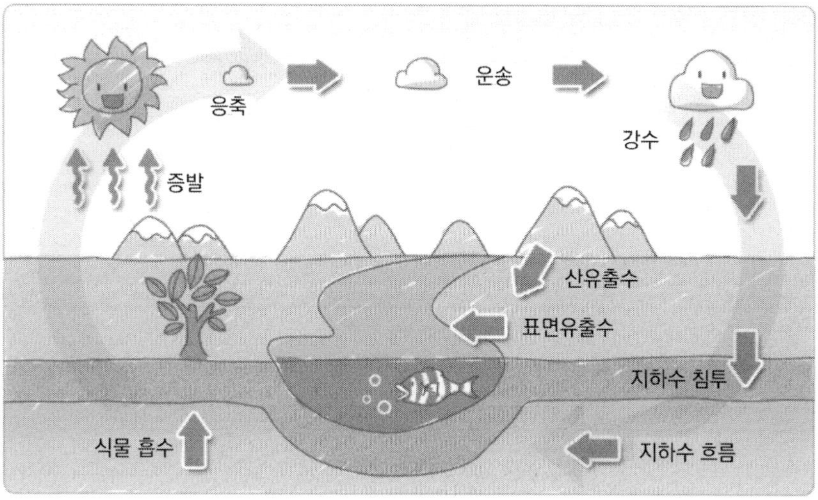

〈그림 5-1〉 자연계의 물의 순환

5.2 수질오염 및 지표

1) 우리나라의 물환경 현황

우리나라 수자원 총량은 2016년 기준으로 1,297억 m^3로 이 중 이용 가능한 수자원량은 758억 m^3이며 실제 물 이용량은 333억 m^3이다. 국내 연평균 강수량은 1,277mm(~2017년)로 세계 평균 807mm의 약 1.6배이나 1인당 가용 수자원량은 2,629m^3/1인[4] 로 세계평균인 16,427m^3과 비교하면 사용할 수 있는 물의 양은 적다고 할 수

4) 1인당 가용 수자원량 : 전 국토의 연간 강수량의 유출량을 인구수로 나눈 값이다. 이는 UNEP등에서 공식적으로 사용하는 국가별 수자원의 여건 판단 지표로 이용되며, 우리나라는 1인당 가용 수자원량이 153개국 중 129위이다.

있다. 물 사용량은 지속적인 인구증가와 생활수준의 향상, 주거형태의 변화, 산업규모의 확대, 하천의 유지용수의 증대 등에 의해 증가하고 있다. 따라서 물관리 대책을 지속적이고 효율적으로 관리하지 않으면 물 기근 국가로 갈 수 있다는 뜻이 된다. 우리나라의 수자원 총량과 이용량은 [표 5-2]와 같다. 또한 국내 연 강수량의 70% 정도가 6~9월 여름철에 집중되어 국지적 홍수로 나타나고 있으며 이로 인한 영향은 다음과 같다.

① 여름철에 집중되는 강우로 인한 홍수피해
② 강우 부족으로 인한 가뭄 피해는 매년 반복적으로 경험
③ 전 세계적으로 이슈화되고 있는 기후변화에 의한 태풍, 홍수, 가뭄, 폭염, 폭설, 쓰나미 현상
④ 국내 물 관리 여건의 불확실성에 따라 물 관련 재해로 인한 피해 가능성 증가

따라서 수자원 확보에 효과적으로 대응 가능한 정책 수립 및 대책을 강구해야 할 것이다.

국내 수자원의 공급은 지표수 89%, 댐 57%, 하천 32%, 나머지 지하수가 11%를 차지하고 있다. 수자원의 분야별 이용 현황은 [표 5-2]와 같다.

[표 5-2] 수자원 분야별 이용 현황

구분		1965	1980	1994	1998	2003	2007
수자원총량		1,100	1,140	1,267	1,276	1,240	1,297
이용현황	총이용량	51.2	153	301	331	337	333
	생활용수	2.3	19	62	73	76	75
	공업용수	4.1	7	26	29	26	21
	농업용수	44.8	102	149	158	160	159
	유지용수	-	25	64	71	75	78
당해연강수량(mm)		1,171	1,367	923	1,630	1,756	1,380

출처 : 수자원분야별이용현황(수정계획 2021년)

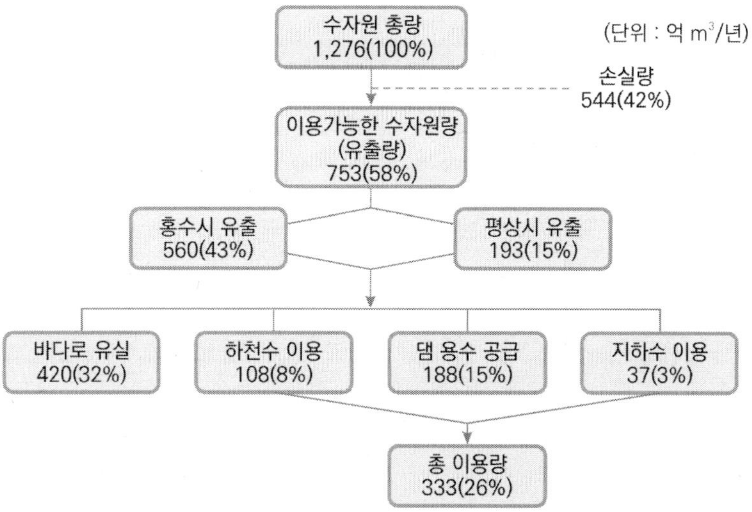

〈그림 5-2〉 우리나라의 수자원 총량과 이용량

2) 수질오염

물오염(water pollution)이란 자연수역의 물이 인간생활 및 산업활동에 의해 인위적으로 배출된 하·폐수 및 축산폐수 등의 유해한 물질이 인간과 동·식물의 생육환경에 악영향을 주거나 사용할 수 없게 된 물을 말한다.

자연계의 물은 흐르면서 스스로 정화하는 자정작용(Self-Purification)을 한다. 수질(Water quality)은 수질오염정도를 나타내는 것을 의미하며, 산술적(수질=물오염 물질의 양/물의 양)으로도 표현한다.

물을 오염시키는 수질오염물질들은 각 나라의 경제적 여건과 사회적 시스템 및 수질관리 능력과 환경적 마인드에 따라 다양하게 규정되어 실행되고 있다. 우리나라에서 현재 규정하고 있는 수질오염물질은 유기물질 등을 포함하여 48종이며, [표 5-3]과 같다.

[표 5-3] 수질오염물질의 종류

번호	수질오염물질	번호	수질오염물질
1	구리와 그 화합물	25	카드뮴과 그 화합물
2	납과 그 화합물	26	크롬과 그 화합물
3	니켈과 그 화합물	27	불소화합물
4	총 대장균군	28	페놀류
5	망간과 그 화합물	29	황과 그 화합물
6	바륨화합물	30	유기인 화합물
7	부유물질	31	6가크롬 화합물
8	브롬화합물	32	테트라클로로에틸렌
9	비소와 그 화합물	33	트리클로로에틸렌
10	산과 알칼리류	34	폴리클로리네이티드바이페닐
11	색소	35	벤젠
12	세제류	36	사염화탄소
13	셀레늄과 그 화합물	37	디클로로메탄
14	수은과 그 화합물	38	1, 1-디클로로에틸렌
15	시안화합물	39	1, 2-디클로로에탄
16	아연과 그 화합물	40	클로로포름
17	염소화합물	41	생태독성물질 (물벼룩에 대한 독성을 나타내는 물질만 해당한다.)
18	유기물질	42	1, 4-다이옥신
19	유기용제류	43	디에틸헥실프탈레이트(DEHP)
20	유류(동 · 식물성을 포함한다)	44	염화비닐
21	인화합물	45	아크릴로니트릴
22	주석과 그 화합물	46	브로모포름
23	질소화합물	47	퍼클로레이트
24	철과 그 화합물	48	아크릴아미드

(1) 수질오염의 발생원

수질오염물질 발생원은 크게 점오염원(Point source), 비점오염원(Nonpoint source), 선오염원(Line source), 기타 오염원으로 구별된다.

- **점오염원**(Point source) : 공장, 산업체 현장, 축사, 가정 등 오염이 발생하는 장소가 명확하여 오염물질의 직접 시료채취가 가능한 오염 배출 지역
- **비점오염원**(Nonpoint source) : 도심지, 도로, 농경지, 농로, 산지, 공사현장 등과 같이 불특정 지역에서 수질오염물질을 배출하는 곳
- **선오염원**(Line source) : 이동하면서 선을 따라 오염물질을 배출하는 선박, 비행기, 철도 등
- **기타 오염원** : 법적으로 관리되지 않고 있는 수산물 양식장, 폐차장, 금・은 세공시설 등을 말한다.

  우리나라의 수질오염물질 부하량은 BOD를 기준으로 할 때 2004년 2,134톤/일, 2016년은 2,484톤/일에 달하며, 2016년에 총 350톤/일로 약 16% 증가하였다. 전국 4대강 수계별 오염부하량은 [표 5-4]와 같다.

[표 5-4] 우리나라 수계별 수질오염물질 배출 부하량

구분	합계	생활하수	가축분뇨	산업폐수	토지계	양식계	매립계
전국	1,639.7 (100)	473.7 (28.9)	329.8 (20.1)	30.9 (1.9)	749.4 (45.7)	55.5 (3.4)	0.4 (0.0)
한강	619.4 (100)	225.5 (36.4)	113.4 (18.3)	14.3 (2.3)	260.0 (42.0)	6.1 (1.0)	0.1 (0.0)
낙동강	446.6 (100)	139.5 (31.2)	75.7 (16.9)	6.9 (1.6)	212.8 (47.7)	11.5 (2.6)	0.2 (0.0)
금강	303.3 (100)	63.0 (20.8)	77.6 (25.6)	8.0 (2.6)	150.6 (49.7)	4.1 (1.3)	0.0 (0.0)
영산강	270.5 (100)	45.8 (16.9)	63.1 (23.4)	1.7 (0.6)	126.0 (46.6)	33.8 (12.5)	0.1 (0.0)

① **생활하수**(Domestic wastewater) : 가정오수는 주방의 식기류 세척수와 음식물찌꺼기, 목욕용수, 세탁오수, 그리고 정화조 폐액 등을 포괄한다. 즉 이런 생활하수가 관로를 통하여 도시 하수종말처리시설로 유입되어 처리된다.

② **산업폐수**(Industrial wastewater) : 배출량은 많지 않으나 오염물질의 유해성과 농도는 생활하수에 비해 매우 높으므로 처리하지 않고 배출할 경우 수질에 치명적인 악영향을 미칠 수 있다. 산업폐수는 중금속 및 화학물질을 함유하므로 생물농축(Bioaccumulation)을 야기하며 인체 및 동・식물에 유입되면, 심각한 악영향을 미칠 수 있다. 유해성 폐수 배출 업종은 피혁, 도금, 섬유, 화학공장 등으로 특별한 폐수처리 공정을 거쳐야 한다.

③ **축산분뇨**(Animal wastewater) : 사육되는 소, 돼지, 닭 등에서 발생하는 분뇨를 말한다. 크게는 축산폐수처리방식과 퇴비나 친환경 비료, 녹생토, 바이오가스 등으로 활용되는 자원화 방식[5]이 있다.

④ **비점오염원 관리**(Nonpoint source management) : 하・폐수 처리공정 같은 점오염원에 반해 오염원과 오염원 인자가 불명확하기 때문에 통제와 오염물질 채취가 어려워 심각한 수질오염의 원인이 되고 있다. 비점오염원은 도로, 공사현장, 대지, 개발지역, 농지 및 농수로, 산지, 섬 지역 등이 해당된다.

3) 물의 자정작용(Self-Purification)

자연수(Natural water)의 상태로 오염되지 않은 물을 말하며, 무색, 무취, 무미의 상태로 다음과 같은 물리적, 화학적, 생물적 조건이 지켜져야 한다.

- 물속이나 물표면에 부유하는 물질이 없어야 한다(물리적 조건).
- 생물의 생육에 필요한 산소가 적당량 이상 녹아 있어야 하며, 소량의 무기영양소가 적당량 존재해야 한다(화학적 조건).

5) 최근 축산분뇨를 혐기성 소화조에서 Biogas(메탄가스)를 생산하여 에너지 회수(Energy recovery)하거나, 퇴비화(Composting)하여 재활용 하는 공정.

- 안정된 수역에서 식물과 동물 및 미생물이 생장 가능한 유기성 영양염이 적당량 함유되어야 한다(생물적 조건).
- 물은 스스로 정화하는 능력이 있어 자연적인 오염현상이나 수량 대비 소량의 오염물질에 의해 수역의 수질이 거의 변화하지 않으므로 약간의 오염 현상은 자연적인 상태라 할 수 있다.

〈그림 5-3〉은 유기성 오염물질이 하천으로 유입된 후 용존산소를 소모하면서 수질오염이 정화되어가는 과정을 보여 주고 있다.

수역 내에서 일어나는 자정작용의 메커니즘은 물리적, 화학적, 생물적 작용으로 구별된다.

① **물리적 작용** : 물오염 물질이 희석, 확산, 혼합, 침전, 여과, 흡착 등에 의하여 오염도가 저감되거나 폭기(Aeration)에 의한 산화가 촉진되는 현상
② **화학적 작용** : 오염물질이 수역 내 용해된 산소에 의해 산화·분해될 때 발생하는 탄산가스가 물의 pH를 낮추어 수산화물이 생성되면서 응집되는 현상
③ **생물적 작용** : 물속의 미생물이 용존된 산소가 있는 호기성 조건에서 오염물질을 먹이로 섭취하면서 산화하는 현상. 즉, 수역 내 존재하는 미생물이 활성화되어 자정작용이 활발히 이루어지려면 용존산소(DO), 온도, 햇빛, pH 등의 주요 조건이 충족되어야 한다.

※ 유기물질(Organic matter)이란?
물속에 있는 유기물질은 탄화수소화합물로서 생물적 산소요구량(BOD), 화학적 산소요구량(COD), 이론적 산소요구량(ThOD) 및 총 유기탄소(TOC) 등으로 나타내며, 유기물의 형태는 낙엽, 육상식물 및 생물의 부패물, 배설물, 미생물분해산물 등 POM(Particulate Organic Matter)과 부착성 박테리아에 의한 DOC(Dissolved Organic Compound)가 POC(Particulate Organic Carbon)로 전환된 것 등이 있다.

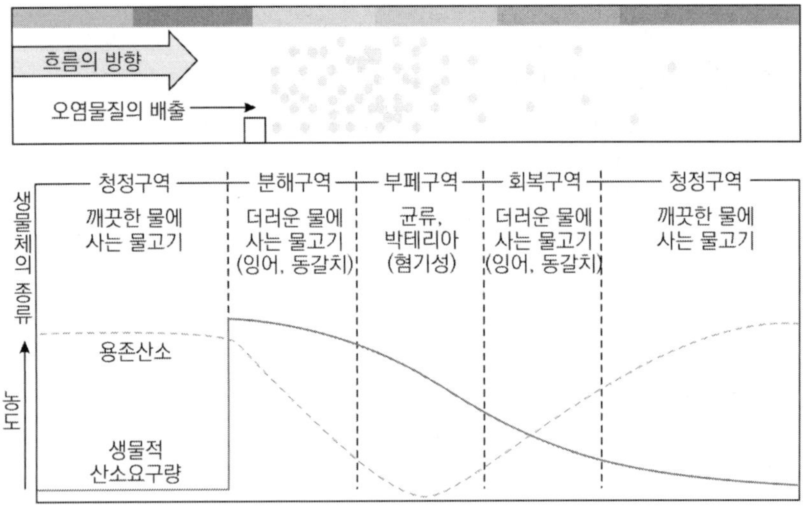

〈그림 5-3〉 유기물질로 오염된 수역의 정화과정

4) 수질오염의 지표

물의 오염도를 나타내는 기준이 수질오염지표이며, 대표적인 것은 이화학적 지표를 이용한다. 지표에 따라 분석된 결과로 수질오염 수준을 평가하고 판단한다. 분석 기술이 점점 첨단적으로 자동화되고 있어 분석 내용 및 결과가 정밀해지고 있다. 이화학적 오염지표와 미생물적 오염지표로 나누어 보면 다음과 항목들과 같다.

(1) 이화학적 오염지표

① 부유물질(SS : Suspended Solids)

부유물질(SS)은 물속에 함유된 0.1㎛ 이상 크기의 고형물질이 현탁하게 존재하는 것을 말한다. 물에서 SS의 원인 물질은 탁도와 색도를 유발하는 고형물로서 햇빛 투과량을 감소시켜 수생식물의 광합성을 방해하기 때문에 수질관리의 중요한 물리적 지표에 해당된다. 생활오수의 SS는 150~200mg/L 정도이며, 증발잔류물은 1,000mg/L 정도이다.

[표 5-5] 수질오염지표의 종류

지표	종류
화학적 지표	pH, BOD, COD, NH_3-N, NO_2-N, NO_3-N, P, Cd^{+6}, As, Hg, PCB 등의 화학물질 등
생물적 지표	대장균군, 장내세균, 일반세균,바이러스등 수생생물 현존량, 군집상태 등
물리적 지표	탁도, 색도, 투명도, 수온, 부유물질(SS)
감각 지표	맛, 냄새, 등의 인간의 관능적 감각기준

② **용존산소**(DO : Dissolved Oxygen)

용존산소(DO)란 물속에 용해되어 있는 산소 분자상을 말하며, 유기물질에 의한 오염정도를 나타내는 지표이다. 순수한 물은 20℃, 1기압에서 포화용존산소량은 9.2ppm이며, 용존산소의 양은 수온, 기압, 물속에 존재하는 다양한 용질에 따라 다르다. 즉, 수온이 상승하면 DO량은 감소하고, 대기 중의 산소분압에 비례하여 증가한다.

유기물이 물속으로 유입되면, 세균에 의해 자연적으로 분해되며, 용존산소는 세균의 유기물 분해 시 소비되어 용존산소량이 감소하면서 산소 결핍상태가 진행되어 수 생태계의 균형이 파괴된다. 단, 유기물이 더 이상 유입되지 않으면, 오염물질이 서서히 산화되면서 자정작용을 일으켜 자연수 원상태로 회복된다.

하천의 상류는 산소가 거의 포화상태로 용존되어 있으나, 생활하수나 산업폐수 등이 유입되어 유기성 오염물질 및 그 외 환원물질에 의해 BOD_5, COD는 증가하고, 용존산소는 감소한다.

③ **생물적 산소 요구량**(BOD : Biological Oxygen Demand)

물속에 유입된 유기성 오염물질을 호기성 미생물이 분해, 안정화하는 데 필요한 산소 요구량(BOD)을 말하며, 단위는 ppm(mg/L)으로 표기한다. 즉, 오염수를 채취하여 초기 용존산소량을 측정한 후 BOD 병에 가득 채워 20℃ 냉암소에서 5일간 배양 후 초기 DO량과 5일 동안 유기물을 산화하는 데 소비한 산소량을 계산하여 BOD_5로 나타내고 단위는 (mg/L)로 한다. 냉암소에 두는 이유는 햇빛의 광합성에 의한 산소생성을 방지하기 위해서이다. 즉 폐수 내의 유기오염물질을 호기성 미생물이 분해하는데 필요한 산소소비량을 측정함으로써 수중의 유기물량을 간접적으로 측정하는 것이다. BOD 값이 높으면 오염도가 높다는 것을 의미하며, 하천 및 각 담수의 수질오염도를 나타내는 대표적인 지표이다.

④ **화학적 산소 요구량**(COD : Chemical Oxygen Demand)

수질오염물질 중 난분해성 오염물질을 산화제를 이용하여 화학적으로 산화시킬 때 소비되는 산소 요구량을 말하며, 단위는 (mg/L) 또는 ppm으로 표기한다. BOD_5와 함께 폐수의 난분해성유기물의 함유 정도를 측정하는 중요한 척도이며, BOD_5보다 신속한 측정이 장점이다.

COD측정 시 산화제는 $KMnO_4$(과망간산칼륨 사용 : 유기물의 약 60% 분해)법과 $K_2Cr_2O_7$ (중크롬산칼륨 사용 : 유기물의 80%분해)법은 분해 값이 다르므로 COD 표기 시 COD_{Cr}, COD_{Mn} 으로 표시하며, 호소의 대표적인 오염지표이다.

⑤ **색도**(Color) **및 탁도**(Turbidity)

- 색도는 물속의 색도를 표시하는 것이며, 원래 자연수는 무색이나 수층이 깊으면 빛의 산란으로 푸른색으로 보이며 수심이 깊을수록 색도가 높다. 물이 착색되는 원인은 식물의 부패 및 분해로 발생하는 부식질(Humic substance)에 의해 발생한다.
- 탁도는 물이 현탁한 정도를 나타내며, 빛의 통과에 대한 저항도로 나타낸다. 우리나라의 음용수 탁도 기준은 1999년부터 1NTU[6)] 이하로 규정하고 있다. 탁도가 높은 수역에서는 세균이 탁질의 피막에 싸여 염소 소독에도 사멸하지 않으므로 세균오염에 주의해야 한다.

⑥ **맛과 냄새**(Taste & Odor)

자연수는 무색, 무미, 무취여야 하며, 자연적 원인에 의한 냄새는 황화수소, 조류(Algae), 철, 점토 등에 의해, 인위적인 발생은 페놀(Phenol), 석유 및 유지류 등에 의해 발생한다.

6) NTU(Nephelometric Turbidity Unit) : Nephelometer를 사용하여 측정한 탁도 단위. 산란광과 탁도 간의 관계를 나타내는 것이며, 산란광 측정은 조사광 90도에서 측정함

⑦ pH(수도이온농도)

물의 산성도를 측정하는 척도이며, 액체 1L 중 수소이온농도 값은 역수의 상용대수로 $pH=\log_{10}[1/(H^+)] = -\log_{10}[H^+]$로 표기하며, pH 7은 중성, 7 이하는 산성, 7 이상은 알카리성으로 나타낸다. pH가 높거나 낮으면, 수중의 미생물의 생존과 수질 및 자정력에 영향을 미친다.

⑧ 각 중금속 물질(Heavy metal etc.)

금속제조, 가공업, 화학 및 광산업 등 다양한 산업체에서 배출하는 산업폐수에는 유해중금속 물질이 수계로 배출되어 자연생태계 및 인체로 유입, 축적되는 만성중독 현상을 발생시킨다. 그 중금속 물질들은 Cd(이따이이따이병), Hg(미나마타병) 유발하며 Cu, As, CN 외 Pb, Cr^{+6}, Zn, F, Mn, Fe 등이 있다.

⑨ 기타(총질소, 인, 염화물, 총유기탄소, 알칼리 및 산도, 경도 등)

- TN(Total Nitrate) 물속에 존재하는 질소화합물 총량을 즉, 단백질, 아미노산, 요소, NH_3-N, NO_2-N, NO_3-N 등의 질소 화합물이며, P와 함께 부영양화로 인한 조류번식으로 수질오염을 야기한다.
- 염화물은 정수처리 공정 중 염소소독 과정 중에서 발생되기도 하는 THMs(트리할로메탄)이 발암성물질로 인체에 악영향을 주므로 염소 투입 시 조절에 유의해야 한다.

(2) 미생물적 오염지표

① 일반세균 : 수중에 존재하는 많은 미생물들 중 세균은 항상 증식할 수 있으며, 특히 식수로 사용하는 상수원수 중 세균이 존재할 경우 인체에 유해한 수인성 전염병을 야기할 수 있다. 일반 세균은 한천 배지에 세균을 접종시켜 인큐베이터 35℃±3에서, 18~24시간 배양한 후 세균 집락수를 카운트하여 일반 세균수로 나타낸다.

② **대장균군** : 인체의 대장에 기생하면서 유당을 분해하여 산과 가스를 생성하는 호기성균이며, MPN(대장균 군수)으로 표기한다. 일반적으로 대장균이 식수나 식품에서 검출되면 분뇨에 의한 오염을 의심할 수 있으며 이는 콜레라, 장티프스, 이질 등 수인성 전염 병원균의 존재 유무를 판단하는 분변성 오염의 지표로 이용된다.

5.3 수질오염의 영향

1) 인체에 미치는 영향

오염된 물을 사람이 이용하면 건강에 치명적인 피해와 수인성 전염병으로 인한 다수의 사람들에게 집단적으로 병을 유발할 수 있다. 사람에게는 직접적인 피해를 끼치는 경우와 오염된 수역에서 서식하는 어패류 및 농작물에 의한 간접적인 피해를 줄 수도 있다.

특히 유독성 화학물질, 농약, 중금속 물질은 미량씩 섭취되어 생물농축(Bioaccumulation)된다. 일반적으로 유독성 오염물질은 매우 미량씩 존재하므로 인체로 유입되는 물질 중 일정량은 체외로 배설되므로 미량의 경우는 일정기간 섭취해도 무해하나 장기간 지속적으로 섭취하거나, 1일 섭취량이 많을 경우 인체 장기의 세포조직에 축적되어 심각한 질병을 유발할 수 있다.

① 수은(Hg), 카드뮴(Cd) 농축은 미나마타 병, 이따이이따이 병을 유발하며, 중금속 중독의 대표적인 병이다.

② PCB오염의 생물농축(Bioconcentration) 또한 먹이사슬에 의한 심각한 중독현상을 야기할 수 있다. 즉 물속에는 미량 존재하더라도, 〈그림 5-4〉와 같은 Food chain에 의한 농축 과정은 10배에서 백만 배까지 농축될 수 있다.

③ Cr^{+6}은 피부염, As(비소)는 순환장애, 지각장애 유발 Pb(납), 유기인, 시안

등은 신경장애 및 헤모글로빈 성장을 방해한다.

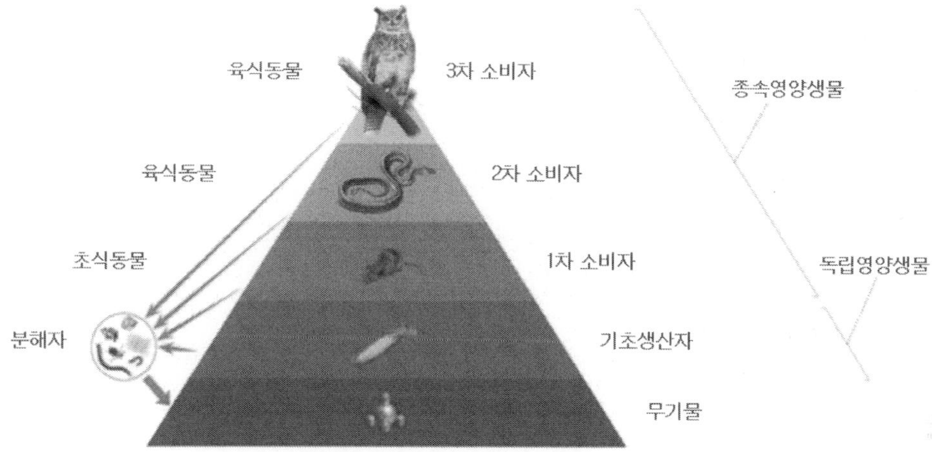

〈그림 5-4〉 Food chain을 통한 생물농축(Bioaccumulation)과정

2) 환경에 미치는 영향

산업화 및 도시집중화 그리고 인구증가와 생활 수준의 향상에 따른 수질오염의 증가는 인위적 요인이며, 공공재인 수자원의 경제적 가치를 하락시키는 원인이기도 하다.

수질오염 현상 중 대표적인 것은 부영양화(Eutrophication)로 인한 적조(Red tide) 현상이다.

① **부영양화**(Eutrophication) : 하천 및 호수 등으로 유입되는 오염물질이 자정 능력 이상으로 유입되므로 특히, 인, 질소 등의 영양염류 등의 유입과 여름철 수온 상승, 우수기 및 홍수 시 염분농도 저하 등의 원인으로 식물성 플랑크톤(Phytoplankton), 조류(Algae)가 급성장 → 수중의 용존산소 고갈 → 적조 현상 야기 → 어패류 집단폐사 → 수중 생태계 파괴 → 폐사된 어패류 등 수거 → 수질 상태 회복 순서로 수질이 정화된다.

② **유류오염** : 유류 유출은 수 표면에 얇은 유막을 형성하여 공기 중 산소가 녹아들지 못하게 하여 용존산소 부족과 호흡 시 물고기의 아가미에 유막이 흡착되

어 질식 폐사하는 것이다.

③ **기타 유독성 유기화합물** : 페놀, 시안화물, 타르 등의 화학물질이 수역으로 유입되면, 수중 미생물을 감소시켜 자정작용을 저해하고 극소량이라 할지라도, 수 생태계 및 생물 생존에 악영향을 미친다.

④ **다량의 유기오염물질** : 수역의 유기물에 의해 용존산소가 고갈되어 호기성균이 사멸하고 혐기성 세균이 서식하면서 유기물의 혐기성 분해로 인한 황화수소(H_2S), 아민(Amine) 등의 물질에 의한 악취를 발생한다.

5.4 수질오염의 방지대책

1) 수질환경기준

국민의 건강보호와 깨끗한 물환경 조성을 위한 국가의 수질관리 목표를 위하여 보호지역 선정, 배출허용기준, 수질오염에 대한 각종 규제 수단의 근거 기준이다.

환경기준은 정책적 행정목표이며 법적 구속력이 없고 국가와 지방자치단체가 기준을 지키기 위하여 노력해야 한다. 현재 우리나라의 수질 및 수생태계 환경기준은 하천, 호소 및 해양 환경기준으로 구별되어 있으며 하천, 호소의 공통기준과 생활환경 항목으로 구분하여 각 항목은 수질 상태에 따라 7등급으로 정해져 있다.

[표 5-6] 하천 생활환경기준

항목	기준값(mg/L)
카드뮴(Cd)	0.005 이하
비소(As)	0.05 이하
시안(CN)	검출되어서는 안 됨(검출한계 0.01)
수은(Hg)	검출되어서는 안 됨(검출한계 0.001)
유기인	검출되어서는 안 됨(검출한계 0.0005)
폴리클로리네이티드비페닐(PCB)	검출되어서는 안 됨(검출한계 0.0005)
납(Pb)	0.05 이하
6가 크롬(Cr^{6+})	0.05 이하
음이온 계면활성제(ABS)	0.5 이하
사염화탄소	0.004 이하
1,2-디클로로에탄	0.03 이하
테트라클로로에틸렌(PCE)	0.04 이하
디클로로메테인	0.02 이하
벤젠	0.01 이하
클로로포름	0.08 이하
디에틸헥실프탈레이트(DEHP)	0.008 이하
안티몬	0.02 이하
1,4-다이옥세인	0.05 이하
폼알데하이드	0.5 이하
헥사클로로벤젠	0.00004 이하

[표 5-7] 인체의 건강보호 수질환경기준(하천, 호소 공통)

등급		기준(mg/L)							
		pH	BOD	COD	SS	DO	T-P	대장균군(군수/100mL)	
								총대장균군	대장균군
매우 좋음	Ⅰa	6.5~8.5	1 이하	2 이하	25 이하	7.5 이상	0.02 이하	50 이하	10 이하
좋음	Ⅰb	6.5~8.5	2 이하	4 이하	25 이하	5.0 이상	0.04 이하	500 이하	100 이하
약간 좋음	Ⅱ	6.5~8.5	3 이하	5 이하	25 이하	5.0 이상	0.1 이하	1,000 이하	200 이하
보통	Ⅲ	6.5~8.5	5 이하	7 이하	25 이하	5.0 이상	0.2 이하	5,000 이하	1,000 이하
약간 나쁨	Ⅳ	6.0~8.5	8 이하	9 이하	100 이하	2.0 이상	0.3 이하		
나쁨	Ⅴ	6.0~8.5	10 이하	11 이하	쓰레기 등이 떠있지 아니할것	2.0 이상	0.5 이하		
매우 나쁨	Ⅵ	-	10 초과	11 초과		2.0 미만	0.5 초과		

[표 5-8] 호소 생활환경기준

등급		기준(mg/L)							대장균군(군수/100mL)	
		pH	COD	SS	DO	T-P	T-N	Chl-a (mg/㎥)	총대장균군	대장균군
매우 좋음	Ⅰa	6.5~8.5	2 이하	1 이하	7.5 이상	0.01 이하	0.2 이하	5 이하	50 이하	10 이하
좋음	Ⅰb	6.5~8.5	3 이하	5 이하	5.0 이상	0.02 이하	0.3 이하	9 이하	500 이하	100 이하
약간 좋음	Ⅱ	6.5~8.5	4 이하	5 이하	5.0 이상	0.03 이하	0.4 이하	14 이하	1,000 이하	200 이하
보통	Ⅲ	6.5~8.5	5 이하	15 이하	5.0 이상	0.05 이하	0.6 이하	20 이하	5,000 이하	1,000 이하
약간 나쁨	Ⅳ	6.0~8.5	8 이하	15 이하	2.0 이상	0.1 이하	1.0 이하	35 이하		
나쁨	Ⅴ	6.0~8.5	10 이하	쓰레기 등이 떠있지 아니할것	2.0 이상	0.15 이하	1.5 이하	70 이하		
매우 나쁨	Ⅵ	-	10 초과		2.0 미만	0.15 초과	1.5 초과	70 초과		

2) 배출허용기준

수질보전정책은 국가가 지향하는 수질환경기준을 준수하기 위한 수단으로 오염원별 배출허용기준을 설정·관리하게 된다. 배출허용기준을 위반하는 자에 대한 강제적 규제 방식을 적용하는 대상자는 산업폐수를 배출하는 사업자에 해당된다. 「수질 및 수생태계 보전에 관한 법률」에서 규정한 산업폐수의 배출허용 기준은 지역과 폐수 배출량에 따라 차등화하여 구별 적용[7]하고 있다. 「가축분뇨의 관리 및 이용에 관한 법률」에 의한 가축분뇨 방류수 기준은 축사 규모와 지역에 따라 차등적으로 설정하여 오염물질 증가와 환경기술 발전에 따라 단계적으로 강화된다.

7) '청정'지역(가장엄격), '가'지역(보통), '나'지역(느슨함), 특례지역 등 4단계로 구별

[표 5-9] 항목별 배출허용기준〈BOD, COD, SS〉

구분	1일 폐수배출량 2,000㎥ 이상			1일 폐수배출량 2,000㎥ 미만		
	BOD(mg/L)	COD(mg/L)	SS(mg/L)	BOD(mg/L)	COD(mg/L)	SS(mg/L)
청정지역	30 이하	40 이하	30 이하	40 이하	50 이하	40 이하
가지역	60 이하	70 이하	60 이하	80 이하	90 이하	80 이하
나지역	80 이하	90 이하	80 이하	120 이하	130 이하	120 이하
특례지역	30 이하	40 이하	30 이하	30 이하	40 이하	30 이하

*청정지역 : 매우 좋음(Ia)등급 수준의 수질을 보전하여야 한다고 인정되는 수역의 수질에 영향을 미치는 지역
*가지역 : 좋음(Ib), 약간좋음(II) 등급 수준의 수질을 보전하여야 한다고 인정되는 수역의 수질에 영향을 미치는 지역
*나지역 : 보통(III), 약간 나쁨(IV), 나쁨(V) 등급 수준의 수질을 보전하여야 한다고 인정되는 수역의 수질에 영향을 미치는 지역
*특례지역 : 환경부장관이 종말처리시설에서 폐수를 처리할 수 있는 공동처리구역으로 지정하는 지역

3) 방류수 수질기준

하·폐수 및 분뇨처리시설과 같은 종말처리시설에 적용되는 수질기준이며 BOD, COD, SS, 및 T-N, T-P 등 5개 항목에 적용된다. 종말처리시설에서 방류되는 처리수는 직접 강, 하천, 바다 등으로 방류하므로 폐수배출허용 기준보다 엄격한 기준이 적용된다.

[표 5-10] 공공하수처리시설 방류수 수질기준

구 분	범 위
I 지역	가. 「수도법」 제7조에 따라 지정·공고된 상수원보호구역 나. 「환경정책기본법」 제22조제1항에 따라 지정·고시된 특별대책지역 중 수질보전 특별대책지역으로 지정·고시된 지역 다. 「한강수계 상수원 수질개선 및 주민지원 등에 관한 법률」 제4조제1항, 「낙동강수계 물관리 및 주민지원 등에 관한 법률」 제4조제1항, 「금강수계 물관리 및 주민지원 등에 관한 법률」 제4조제1항 및 「영산강·섬진강수계 물관리 및 주민지원 등에 관한 법률」 제4조제1항에 따라 각각 지정·고시된 수변구역 라. 「새만금사업 촉진을 위한 특별법」 제2조제1호에 따른 새만금사업지역으로 유입되는 하천이 있는 지역으로서 환경부장관이 정하여 고시하는 지역
II 지역	「물환경보전법」 제22조제2항에 따라 고시된 중권역 중 화학적 산소요구량(COD) 또는 총인(T-P)의 수치가 같은 법 제24조제2항제1호에 따른 목표기준을 초과하였거나 초과할 우려가 현저한 지역으로서 환경부장관이 정하여 고시하는 지역

구 분	범 위
Ⅲ지역	「물환경보전법」 제22조제2항에 따라 고시된 중권역 중 한강·금강·낙동강·영산강·섬진강 수계에 포함되는 지역으로서 환경부장관이 정하여 고시하는 지역(Ⅰ지역 및 Ⅱ지역을 제외한다)
Ⅳ지역	Ⅰ지역, Ⅱ지역 및 Ⅲ지역을 제외한 지역

<table>
<tr><th colspan="2">구분</th><th>생물화학적
산소요구량
(BOD)
(mg/L)</th><th>화학적
산소요구량
(COD)
(mg/L)</th><th>부유물질
(SS)
(mg/L)</th><th>총질소
(T-N)
(mg/L)</th><th>총인
(T-P)
(mg/L)</th><th>총대장균
군수
(개/㎖)</th><th>생태
독성
(TU)</th></tr>
<tr><td rowspan="4">1일
하수처리
용량
500㎥
이상</td><td>Ⅰ지역</td><td>5 이하</td><td>20 이하</td><td>10 이하</td><td>20 이하</td><td>0.2 이하</td><td>1,000 이하</td><td rowspan="4">1
이하</td></tr>
<tr><td>Ⅱ지역</td><td>5 이하</td><td>20 이하</td><td>10 이하</td><td>20 이하</td><td>0.3 이하</td><td rowspan="5">3,000 이하</td></tr>
<tr><td>Ⅲ지역</td><td>10 이하</td><td>40 이하</td><td>10 이하</td><td>20 이하</td><td>0.5 이하</td></tr>
<tr><td>Ⅳ지역</td><td>10 이하</td><td>40 이하</td><td>10 이하</td><td>20 이하</td><td>2 이하</td></tr>
<tr><td colspan="2">1일 하수처리용량
500㎥미만,50㎥이상</td><td>10 이하</td><td>40 이하</td><td>10 이하</td><td>20 이하</td><td>2 이하</td><td>-</td></tr>
<tr><td colspan="2">1일 하수처리용량
50㎥ 미만</td><td>10 이하</td><td>40 이하</td><td>10 이하</td><td>40 이하</td><td>4 이하</td><td>-</td></tr>
</table>

4) 수질오염 관리대책

(1) 오염총량 관리제도

배출허용기준 이하 오·폐수의 양적 팽창에 따른 오염부하의 증가를 통제할 수 없어 수질 개선에는 한계가 있다. 일률적 규제는 무력하거나 지나치게 엄격한 규제가 되기도 한다. 따라서 「수질오염총량 관리제도」는 목표수질을 적기에 달성하고 산업 주체자들의 책임감을 강화하여 효율적인 수질관리를 위한 제도이다.

즉, 목표수질 범위 내에서 지역과 배출원에 오염물질 총량을 할당하여 환경과 개발을 동시에 시행하는 지속가능한 개발이 유지되도록 하는 유역관리 제도이며 공공수역의 수질보전, 유역공동체의 경제적, 환경적 균형과 상생을 목표로 하는 것이다.

(2) 수변구역 제도

호수, 하천의 인접 지역에서 발생하는 오수를 몰래 직접 방류하여 수역을 오염시키는 행위를 방지하기 위하여 강, 하천 및 호수 주변의 일정 구간을 수변구역(Riparian buffer zone)으로 정하고 숙박 및 음식점, 목욕탕, 공장, 축사 등의 설치를 금지한 후 물이용 부담금으로 토지를 매입하여 녹지를 조성하거나 수변생태계를 복원하기 위한 제도이다.

5.5 하 · 폐수처리기술

1) 하 · 폐수처리기술 개요

생태계에 미치는 영향을 최소화하고 인간이 이용하는 물을 위생적으로 안전하게 사용하기 위해서 오염된 물은 반드시 처리하여 깨끗한 물로 정화해야만 한다. 인구가 적었던 과거에는 처리되지 않은 하수를 인근 강이나 호수로 방류하였어도 자정작용에 의한 정화가 일부 가능하였으나 현대사회에서는 생활하수, 공장폐수, 축산폐수 등에 의한 수질오염의 발생이 심각하기 때문에 필수적으로 공공하수처리장, 산업폐수처리장, 축산폐수처리장에서 인위적으로 처리하여 강 또는 호수로 방류하여야 한다.

하 · 폐수처리기술의 발달 과정은 단순한 물리적 처리방식에서 시작하여 생물적 처리기술이 발달되어 현재까지 하수처리의 기본 공정으로 이용하고 있으며, 20세기 후반부터 양질의 수질 제공과 방류수 재이용을 위한 질소와 인 규제가 강화된 고도처리공법이 적용되고 있다.

[표 5-11] 하·폐수처리기술의 발전과정

구분	1세대	2세대	3세대
적용기술	물리화학적 공정	생물적 공정	고도처리, 분리막 공정
특징	• 화학약품 사용 • 다량의 슬러지 발생 • 설비 투자비용 적음	• 물리화학적 공정에 비해 2차 오염 감소 • 난분해성 물질 제거 불가	• 처리효율 제고, 설비 • 자동화 및 컴팩트화 • 처리비용 증가

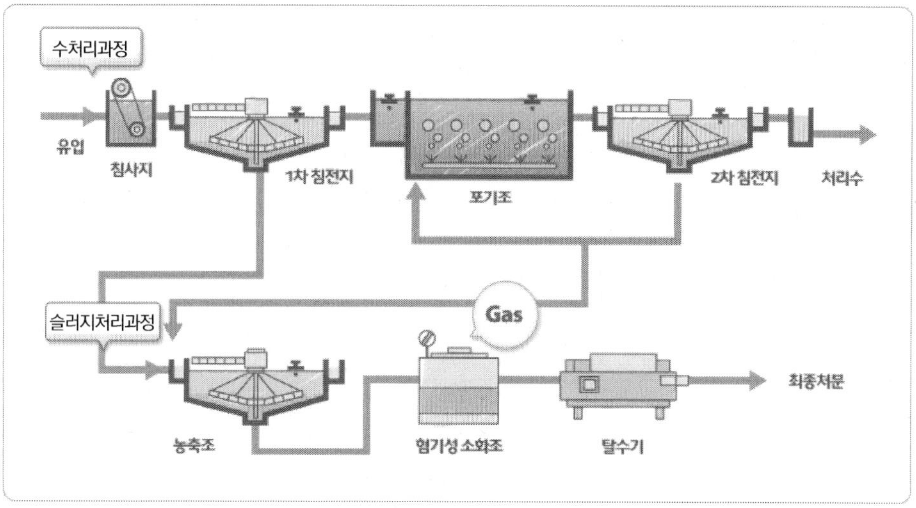

〈그림 5-5〉 하수처리공정 계통도

〈그림 5-6〉 국내하수처리장 전경

2) 하 · 폐수처리기술

(1) 하 · 폐수처리기술

국내 대부분의 하수처리장은 유기물 처리에 목적을 둔 활성슬러지 공법(Activated Sludge Process)으로 설계, 운전 중에 있다. 활성슬러지 공법은 BOD, SS 등을 90% 정도 제거하나, 질소와 인은 10~30% 정도만 제거한다. 질소와 인을 처리하지 않은 채 하천이나 호수로 방류되면, 부영양화가 발생하여 수생태계가 파괴되어 적조(Red tide)현상이 발생한다. 따라서 상수원 오염으로 인한 정수처리 비용을 증가시키고, 경관 훼손 및 환경보건상의 위해성을 증가시킨다. 활성슬러지 공법은 다른 방법에 비하여 공간면적을 작게 차지하며, 처리효율이 높아 가장 일반적으로 이용하는 하 · 폐수처리 공정이다.

활성슬러지 공법은 물리적 처리, 생물적 처리, 화학적 처리를 병행하여 수질오염물질을 제거하는 공정이다. 즉, 스크린 → 침사지 → 1차침전지 → 폭기 → 2차침전지 → 후처리(염소투입 등) 순이다.

스크린에서 1차침전지까지를 1차 처리 또는 물리적 처리라 하고, 폭기에서 염소투입까지를 2차 처리, 또는 생물적 처리라고 한다. 폐수처리장으로 유입되는 하 · 폐수의 성상에 따라 물리적 처리 후 바로 중화조나 응집제를 사용하는 화학적 처리방법이 적용되기도 한다. 특히 산업폐수는 대부분 물리적 처리와 화학적 처리를 거친 후 생물적으로 처리하여 방류한다.

결국 하 · 폐수처리는 오염물질을 최저감하는 청정기술(Clean Technology)을 이용하는 것이다. 각 지역의 경제적 및 지역적 특성에 따라 오염물질의 농도 및 성상이 다르므로 다양한 공정기술을 적용하여 처리하여야 한다.

[표 5-12] 물리적, 화학적, 생물적 처리공정 개요

공정	구분	기능
물리적 처리	스크린 및 분쇄기	차단에 의해 굵은 고형물질 제거 및 분해
	침사 탱크	모래 및 자갈 등을 가라앉혀 제거
	유량 균등조	후속 처리공정의 유량 및 유기물 부하 조정
	침전 탱크	중력에 의해 물보다 비중이 큰 고형물질의 제거
	부상분리	미세한 기포를 액상에 주입함으로써 물보다 비중이 작은 유류물질 등을 제거
	여과장치	생물적 또는 화학적 처리 공정의 잔류 현탁고형물 제거
화학적 처리	응집 · 침전	약품을 첨가하여 용존성 또는 현탁성 고형물의 물리적 특성을 변화시켜 침전이 용이하게 함으로써 제거시키는 방법
	흡착	용액중의 용존성 오염물질을 적절한 계면에서 흡착하는 방법(흡착제로 활성탄 등이 사용)
	살균	곰팡이, 바이러스, 세균 등을 약품으로 제거하는 방법
생물적 처리	호기성 처리	• 하수 및 산업폐수를 처리하는데 일반적으로 사용되며, 호기성 미생물을 이용하여 유기물질을 제거하는 방법 • 활성슬러지법, 살수여상법, 장기폭기법, 라군(lagoon)법, RBC(rotating biological contactor) 등이 있음
	혐기성 처리	• 유기물질을 혐기성 미생물을 이용하여 메탄, 이산화탄소로 전환시키는 방법 • 활성슬러지에 비해 고농도 유기물질을 처리할 수 있고 산소의 공급이 필요 없음 • 단상소화, 이단소화, UASB(Upflow anaerobic sludge blanket), AF (Anaerobic filter)법 등이 있음

(2) 하수의 고도처리

하수처리시설의 2차 처리에서 처리되지 않은 오염물질을 처리하기 위한 추가공정을 3차 처리 또는 고도처리라 한다. 즉 BOD, SS, N, P 등의 처리를 위한 시설이며, 고도처리는 새로운 처리공정보다는 기존의 2차 처리시설을 개량하거나 공정 추가 및 변경하여 물을 더 깨끗하게 처리할 수 있는 시설을 말한다. 즉, 3차 처리 시설은 처리대상 물질에 따라 분류하며, 잔류 SS 제거를 위한 급속여과, 마이크로 스트레이너 등의 설치와 용존 유기물 제거를 위한 활성탄, 막분리, 오존산화 시설 등 설치 및 질소 · 인 제거를 위한 암모니아스트립핑, 파과점염소주입, 이온교환 등 화학적인 제거, 생물적 질소 · 인 제거 등의 시설 설치를 말한다.

3) 하 · 폐수처리기술의 분류

(1) 물리적 처리

생활하수나 공장폐수가 처리장으로 유입되면, 가장 먼저 스크린 공정을 거친다. 처리장에서 대형 협잡물(나무토막, 플라스틱, 모래 등)을 미리 처리하는 장치이다.

① **스크린** : 2.5cm 간격의 철제막대로 구성된 협잡물질(나뭇잎, 플라스틱 등)을 제거하는 장치로 스크린에 걸린 협잡물이 찢기거나 하수의 월류 방지를 위한 별도의 안전수로(bypass channel)가 있다.

② **침사지** : 부유물과 토사 제거를 위한 공정으로 기계나 펌프 등의 파손이나 마모 방지를 위한 사전 처리시설(장방향 침사지와 회전에 의한 토사는 침전시키고 부유물질은 부상시켜 스컴으로 제거하는 폭기식 침사지가 있다)이다.

③ **침전** : 물보다 중력이 있는 부유물질을 물로부터 분리하여 하수처리에 적용되는 가장 기본적인 단위 공정이며 1차 침전지는 폭기조 전단에 설치하여 입자상 물질을 제거하고 폭기조 후단에 설치된 2차 침전지(활성슬러지 침전지)에서 미생물 플록(floc)을 부상시켜 제거한다.
단, 화학적 응집공정의 적용 시 화학적 플록 제거 기능을 가진다. 침전의 종류는 독립입자침전, 응집침전, 간접침전과 압축침전 등 농도와 입자 간의 상호작용에 따라 4 종류의 공정으로 구별되어 발생한다.

④ **부상분리법**(Flotation) : 물속에서 공기방울을 부상시켜 고체와 액체 입자를 분리 하는 단위조작 기술이며, 밀도가 가벼운 유류 성분을 부상시켜 제거한다. 부상분리의 장점은 가벼운 입자를 단기간에 제거할 수 있는 것이며 표면에 부상한 물질인 스컴(scum)을 제거한다.

⑤ **여과**(Filtration) : 하 · 폐수는 여과물질을 통과하면서 수질이 정화되는 여과 공정과, 시간이 지나면서 오염된 여과물질은 주기적으로 세척해야 하는 역세척 공정 2가지(여과의 종류는 급속 모래여과, 완속 모래여과, 압력 여과방식이 있으며 여과재는 모래와 합성섬유 물질을 사용한다)로 이루어진다.

⑥ **기타 막(Membrane)공법** : 하·폐수에 포함된 다양한 오염물질을 분리·제거하는 고도처리 기술이며, 최근 막(Membrane)공법은 하·폐수 처리 후 재이용하기 위해 처리공정에 조합하기도 한다.

(2) 화학적 처리

약품을 주입하여 수중의 용존물질 또는 부유물질을 침전시켜 제거하는 공정으로 녹조의 주 원인 물질인 총인 제거에 효율적인 응집 침전공법이다.

① **응집침전법** : 약품 주입에 의한 미세한 콜로이드(Colloid) 상태의 입자나 용존된 이온 응집, 미세입자의 플록의 응결단계, 부상된 큰 플록의 침전단계로 진행된다(응집제의 종류는 황산알루미늄, 황산 제1철, 염화 제2철, 염화구리 등의 무기 응집제와 폴리염화알루미늄(PAC : poly aluminium chloride), 폴리황산알루미늄(PAS : Poly aluminium sulfate)등 무기 고분자 응집제 등이다).

② **흡착법**(Adsorption) : 흡착제의 표면이나 내부에 수중의 미세 입자를 흡착시켜 제거하는 방법이다. 즉, 용액 중의 오염물질 분자가 물리·화학적 결합력에 의해 흡착제 내면에 흡착하는 성질을 이용하여 악취물질이나 불순물 제거에 이용한다.

이 공정은 도시의 하·폐수 고도처리나 정수처리 시 이용되며, 흡착제는 활성탄, 합성수지(synthetic resin) 또는 활성 알루미늄(activated alumina) 등을 사용한다.

③ **소독**(Disinfection) : 수중에 존재하는 미생물과 수인성 전염병균의 살균을 목적으로 소독 처리하는 화학적 단위 공정이며 미생물의 멸균과는 구분된다. 수인성 전염병 균의 종류는 박테리아, 바이러스, 원생동물, 기생충 등이 있다. 수처리에서 소독방법의 종류는 염소소독, 냄새, 맛, 색도 제거를 위한 오존소독 등의 화학적 처리 방법을 이용하며, 자외선 살균 소독 등이 있다. 염소소독 처리 시 발생 가능한 트리할로메탄(THMs)이 생기지 않는 장점이 있다.

④ **산화 및 환원법** : 화합물 또는 원소에 산소를 부가하거나, 화합물에 존재하는

수소를 제거하는 것을 말하며, 하·폐수처리를 위한 산화법은 BOD 제거나 페놀(phenol), 시안(CN) 등의 분해에 이용되며, 환원은 산화의 반대 개념으로 Cr^{+6}을 함유한 폐수처리에 이용된다.

⑤ **중화법** : 산성 또는 알칼리성 폐수를 반대 성질의 약품을 주입하여 화학적 처리로 제거하는 법이며 폐수처리에는 통상 pH 6.5~8.5 범위를 유지하면 된다. 폐수처리 시 유입 폐수의 균질화를 위해 pH 조절이 중요하다.

⑥ **이온교환법** : 폐수처리에서 액체상 음이온과 고체상 이온 간의 화학반응 공정이며, 액상으로부터 음이온 교환수지와 양이온 교환수지 두 가지를 사용하여야 한다. 폐수를 먼저 양이온 교환수지에 통과시켜 양이온을 수소이온으로 교환하고, 그 다음 음이온 교환수지에 통과시켜 음이온을 수산화 이온으로 교환한다.

(3) 생물적 처리

용해성 유기물을 처리하여 BOD를 낮추는 것이 목적이며 통상 2차 처리로 구분된다. 1차 처리 시 상당 부분의 유기성 오염물질이 제거되나, 1차 처리 후 폭기조로 들어온 하·폐수에 호기성 미생물을 주입하여 남은 유기물을 미생물의 활동에 의해 분해하는 공정으로 공기를 지속적으로 공급해야 한다.

활성슬러지 공법의 유기물의 분해 과정의 간단한 생화학적 반응식은 아래와 같다.

$$\text{유기물} + O_2 \Rightarrow \text{호기성 미생물} \Rightarrow \text{어린 미생물} + \text{세포합성 E} + CO_2 + H_2O + \text{최종산물}$$

활성슬러지는 다양한 미생물의 군집(Community)이라 할 수 있다. 이러한 미생물 군집은 박테리아, 원생동물, 진균류, 윤충류, 선충류 등으로 구성된다. 폐수 내 유기물질의 생물적 산화에 관여하는 주요 미생물은 단세포 박테리아이며, 이 박테리아는 막대 모양의 Bacillus, 구형의 Coccus, 나선형의 Spirilla 등 세포의 형태에 따라 구별된다. 단세포 박테리아는 보통 광합성을 하지 않고 이분법으로 분열하면서 증식된다.

활성슬러지 공법(Activated Sludge Process)에 영향을 미치는 물리·화학적 인자는 다음과 같다.

- 물리적 인자

  ① 온도 ② 산소존재의 유무 ③ 삼투압

- 화학적 인자

  ① pH ② 산과 염기의 산화제와 환원제 ③ 중금속 염과 이온 ④ 특정 화학물질의 함유 여부

활성슬러지 공법은 미생물의 유기성 오염물질의 먹이가 분해되면서, 2차 침전지에서 물과 분리된다. 이때 미생물은 플록을 형성하여 침전하는데 플록(floc)의 일부는 폭기조로 반송되어 다시 사용되며, 이를 반송슬러지라고 한다. 활성슬러지 공법은 다양한 종류의 개량공법들에 의해 운전의 편의성과 처리효율이 향상된 운전이나 설계를 위한 개량 발전된 처리공법으로 1차 침전지를 거쳐 유입되는 하수는 탱크의 숫자나 위치에 따라 분할 주입하여 하수를 처리하는 방법인 계단식 폭기법과 별도의 폭기조에서 산화 및 안정화를 진행시키는 접촉안정법, 유기물질분해와 미생물의 내생호흡단계까지 제거되도록 설계된 장기폭기법 등이 있다.

5.6 정수처리

1) 상수도 및 처리 기술

상수도는 사회적 기반시설로서 위생적인 음용수와 생활용수를 위한 사회·경제적으로 필수적인 공공시설이다. 우리나라는 1970년대부터의 급속한 산업화로 인하여 공공수역의 수질오염이 심화되어 상수도 정수처리의 중요성이 커지면서 현재까지 도시지역과 농어촌 지역까지 광역 상수관망을 확충하였다. 수돗물은 질적으로 인체에 직접적으로 영향을 미치므로 정수처리가 가장 중요하다.

특히 먹는 물 수질기준은 70kg 체중의 성인이 매일 20L씩 60년 동안 마셨을 때 먹는 물 속에 검출 가능성이 높은 물질이 건강상 장애를 유발하지 않는 수준의 안전한 물 섭취량 수준인 최대허용량[8](MAC : Maximum admission concentration)으로 규정하고 있다.

우리나라는 「수도법」을 1963년에 제정하였으며 당시 29개 수질기본항목에서 현재까지 58개 항목으로 늘려왔다. 먹는 물 수질조사에서 미량유해물질 63개 항목을 조사하였고 향후 국내 실정에 맞게 점차적으로 수질기준을 강화해 나갈 예정이다.

8) MAC(최대허용량)권장사항 : 수자원상태, 경제수준과 정수처리기술 등 종합적인 규제대상물질의 종류나 허용한도를 먹는 물 관리법 기준으로 권장.

[표 5-13] 우리나라 먹는 물 수질 기준

구분	항목	수돗물	먹는샘물 (제품)	먹는 물 공동시설	먹는 해양심층수	먹는 염지하수 (제품)
미생물	일반세균 (Colony Forming Unit) (CFU/mL)	해당 없음	저온 (100CFU/mL)	100 CFU/mL	저온 (100CFU/mL)	저온 (100CFU/mL)
		100 CFU/mL	중온 (20CFU/mL)		중온 (20CFU/mL)	중온 (20CFU/mL)
	총대장균군	ND	ND/250mL	ND	ND/250mL	ND/250mL
	대장균	ND	-	ND	-	-
	분원성 대장균군	ND	-	ND	-	-
	분원성 연쇄상구균	-	ND/250mL	-	ND/250mL	ND/250mL
	녹농균	-	ND/250mL	-	ND/250mL	ND/250mL
	살모넬라	-	ND/250mL	-	ND/250mL	ND/250mL
	쉬겔라	-	ND/250mL	-	ND/250mL	ND/250mL
	아황산환원 혐기성포자형성균	-	ND/50mL	-	ND/50mL	ND/50mL
	여시니아균(/2000ml)	-	-	ND	-	-이하로 표시됨
건강상 유해영향 무기물질	납	0.01	0.01	0.01	0.01	0.01
	불소	1.5	2.0	1.5	1.5	2.0
	비소	0.01	0.01	0.01	0.01	0.01
	셀레늄	0.01	0.01	0.01	0.01	0.01
	수은	0.001	0.001	0.001	0.001	0.001
	시안	0.01	0.01	0.01	0.01	0.01
	크롬	0.05	0.05	0.05	0.05	0.05
	암모니아성 질소	0.5	0.5	0.5	0.5	0.5
	질산성 질소	10	10	10	10	10
	카드뮴	0.005	0.005	0.005	0.005	0.005
	붕소	1.0	1.0	1.0	1.0	1.0
	브롬산염	-	0.01	-	0.01	0.01
	스트론튬	-	-	-	4	4
	우라늄	-	0.03	0.03	-	0.03

구분	항목	수돗물	먹는샘물(제품)	먹는 물 공동시설	먹는 해양심층수	먹는 염지하수(제품)
건강상 유해영향 유기물질	페놀	0.005	0.005	0.005	0.005	0.005
	다이아지논	0.02	0.02	0.02	0.02	0.02
	파라티온	0.06	0.06	0.06	0.06	0.06
	페니트로티온	0.04	0.04	0.04	0.04	0.04
	카바릴	0.07	0.07	0.07	0.07	0.07
	1,1,1-트리클로로에탄	0.1	0.1	0.1	0.1	0.1
	테트라클로로에틸렌	0.01	0.01	0.01	0.01	0.01
	트리클로로에틸렌	0.03	0.03	0.03	0.03	0.03
	디클로로메탄	0.02	0.02	0.02	0.02	0.02
	벤젠	0.01	0.01	0.01	0.01	0.01
	톨루엔	0.7	0.7	0.7	0.7	0.7
	에틸벤젠	0.3	0.3	0.3	0.3	0.3
	크실렌	0.5	0.5	0.5	0.5	0.5
	1,1-디클로로에틸렌	0.03	0.03	0.03	0.03	0.03
	사염화탄소	0.002	0.002	0.002	0.002	0.002
	1,2-디브로모-3-클로로프로판	0.003	0.003	0.003	0.003	0.003
	1,4-다이옥산	0.05	0.05	0.05	0.05	0.05
소독제 및 소독부산물질	잔류염소(유리잔류염소)	4.0	-	-	-	-
	총트리할로메탄	0.1	-	-	-	-
	클로로포름	0.08	-	-	-	-
	브로모디클로로메탄	0.03	-	-	-	-
	디브로모클로로메탄	0.1	-	-	-	-
	클로랄하이드레이트	0.03	-	-	-	-
	디브로모아세토니트릴	0.1	-	-	-	-
	디클로로아세토니트릴	0.09	-	-	-	-
	트리클로로아세토니트릴	0.004	-	-	-	-
	할로아세틱에시드	0.1	-	-	-	-
	포름알데히드	0.5	-	-	-	-

구분	항목	수돗물	먹는샘물 (제품)	먹는 물 공동시설	먹는 해양심층수	먹는 염지하수 (제품)
심미적영향물질	경도	300	1000	1000	1200	1200
	과망간산칼륨 소비량	10	10	10	10	10
	냄새(소독외의 냄새)	ND	ND	ND	ND	ND
	맛(소독외의 맛)	ND			ND	ND
	동	1	1	1	1	1
	색도	5	5	5	5	5
	세제(음이온계면활성제)	0.5	ND	0.5	ND	ND
	수소이온 농도	5.8-8.5	4.5-9.5	4.5-9.5	5.8-8.5	5.8-8.5
	아연	3	3	3	3	3
	염소이온	250	250	250	250	250
	증발잔류물	500			500	500
	철	0.3	0.3	0.3	0.3	0.3
	망간	0.05	0.3	0.3	0.3	0.3
	탁도(NTU)	0.5	1	1	1	1
	황산이온	200	250	250	200	200
	알루미늄	0.2	0.2	0.2	0.2	0.2

2) 국외 먹는 물 수질기준

① WHO(World Health Organization) : 세계보건기구는 1996년 수질을 평가할 때 물속에 함유한 오염물질과 잠재적인 위험성이 있는 물질 등 총 121개 항목을 권장치(Criteria)로 규정하고, 2004년에는 건강영향물질에 한해서만 Guide value를 설정하였다.

② USEPA(United State Environmental Protection Agency) : 미국환경보호청은 1974년 말 먹는 물 수질기준을 1, 2차로 구분하여 안전한 먹는 물법(SDWA)[9]을 제정하였다. 1차 먹는 물 수질기준(NPDWR)[10]은 인체에 유

9) SDWA(Safe drinking water act) : EPA의 안전한 먹는 물법

10) NPDWR(National primary drinking water regulation) 1차 먹는 물 수질기준

해성이 확인된 물질에 대한 최대허용기준을 설정하고 2차 먹는 물기준(NSDWR)[11]은 공공복지 향상과 심미적 판단기준인 색도, 냄새, 맛의 권장치(Criteria)와 2차 최대허용기준치 13개 항목을 설정하였다.

③ 일본 : 먹는 물 기준을 인체에 위해성을 주는 물질에 대한 기준 56개 항목으로 설정했다.

[표 5-14] 세계 각 국의 먹는 물 기준항목

국가	한국	독일	일본	영국	프랑스	WHO	미국
항목수	58	49	56	63	52	96	87

3) 정수처리기술

음용수로 사용하는 상수원은 하천수, 지하수, 빗물, 저수지, 호소수 등의 다양한 원수를 취수하여 수중의 부유물질, 중금속 물질, 병원균 등 각각의 유해물질을 먹는 물 수질기준에 적합하게 처리하여 수돗물 공급관로 즉, 송수, 배수, 급수시설 등을 통하여 각 가정, 학교, 병원, 공장 및 빌딩 등에 안전한 수돗물로 공급한다.

정수처리기술의 공정은 다음과 같다.

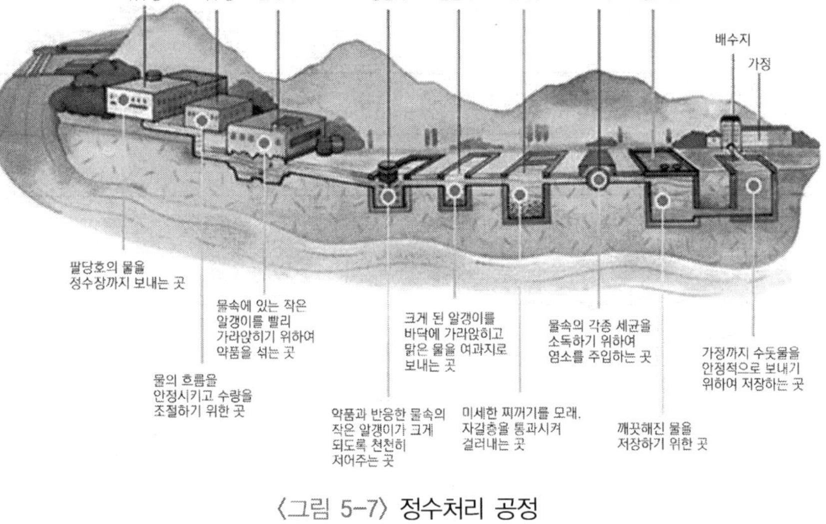

〈그림 5-7〉 정수처리 공정

11) NSDWR(National Secondary Drinking Water Regulation) 2차 먹는물 수질기준

① **착수정** : 원수를 취수하여 정수장에 도착한 후 첫 번째 공정으로 후처리공정의 수위를 안정시키는 역할과 원수에 함유된 각종 흙과 모래 등의 이물질들을 침전처리 한다.

② **약품저장 및 투입조** : 원수에 함유된 부유물질과 미세 콜로이드성 물질을 제거하는 공정이며 보통 금속염 또는 소석회 같은 알칼리응집제를 투입한다. 특히 수질이 악화된 경우 이미, 이취 등의 제거용 분말활성탄(PAC)으로 처리한다.

③ **혼화지** : 약품조에 투입한 응집제를 균질화하여 원수의 원활한 접촉을 위한 공정이다.

④ **응집지** : 전기화학적으로 불안정한 입자들은 응집제와 결합하여 플록을 형성하여 침전하게 하는 공정이며 비침전성 입자들을 응집하게 한다.

⑤ **침전지** : 응집지에서 형성된 플록들을 침전시켜 원수의 입자상 물질들을 분리하는 공정이며 이 때 물속의 모든 현탁 물질들은 제거된다.

⑥ **여과지** : 침전지에서 상등액을 유출시켜 다시 여과하는 공정으로 통상 모래와 자갈층을 여재로 사용하며, 일정 기간 사용 후 주기적인 세척을 해야 한다. 여과지의 성능은 역세척 효율과 직결되며 입자상 물질을 제거하는 마지막 공정이다.

⑦ **소독** : 여과된 물에서 수인성 전염병을 유발할 수 있는 균을 사멸시켜 위생적으로 안전한 먹는 물 제조 공정이며 살균 소독제로 염소를 주로 사용하며 염소량이 과다 투여될 경우 (THMs)발암성 염소화합물이 생성될 수도 있다.

⑧ **정수지** : 정수 처리된 물을 최종적으로 공급하기 위하여 저장하는 장소이며 정수지에서 각 지역별 배수지로 송수하여 각 수요처로 공급하게 된다.

⑨ **고도정수처리시설** : 보다 양질의 물을 공급하기 위해 정수과정을 추가하는 공정이며 원수 수질이 더 악화된 경우에 바람직한 공정이다. 즉, 오존반응조, 활성탄 여과지, 막(Membrane)분리 공정을 추가 설치하여 처리한다.

chapter

06

토양 및 지하수

chapter 06 토양 및 지하수

6.1 토양의 정의 및 성질

1) 토양의 정의

토양은 식물의 생장 관점에서는 흙이며, 식물은 수분과 양분을 공급받는 식물과 농작물 재배지와의 관계에서는 생태적 측면을 가진다. 토지로서는 농업지역, 공업지역 혹은 거주지역 등에서 토사붕괴 및 지반침하 방지, 침식 억제 등에 이용되는 물질적인 측면과 수자원 확보 및 홍수 예방, 오염물질의 정화, 지표의 온도·습도 유지, 토양 생물종 보호 등의 다양한 환경적 측면의 기능을 갖고 있다. 여기서 토양이란 지역의 토양 이용 환경 상태에 따라서 토양환경오염을 거론할 때 토양오염이란 용어를 쓴다.

2) 토양의 조성 및 성질

(1) 토양의 조성[1)]

지구표면의 지각과 암석이 풍화되어 생성된 자갈, 모래, 소석, 점토 등의 무기물과 미생물체를 포함한 유기물과 같은 부드러운 물질들이 고형 입자들의 공극 사이에 있는 공기와 수분으로 구성되어 있다. 토양은 일반적으로 직경 0.05~2mm 정도의 입자로 모래는 0.002~0.05mm 입자의 크기, 실트질(silt)은 0.002mm 이하 입자의

1) 토양의 성상 : 고체상, 액체상, 기체 3상태로 분류되며, 3성상의 복합체이다. 이 구성 비율은 토양의 상태에 따라 변화하며, 육지토양은 식물생장에 유리한 3상의 비율은 고체상 50%, 액체상 25%, 기체상 25% 정도이다. 고체상 50% 중 무기물 45%, 유기물이 5% 정도로 구성되어있다.

점토로 구분한다. 토양 부피의 30% 정도는 입자의 공극으로 이루어져 있고 입자가 클수록 공극이 커서 토양의 통기성이 좋다. 토양의 화학적 조성은 [표 6-1]과 같다.

[표 6-1] 토양의 화학적 조성

성분(7)	규산 (SiO_2)	알루미나 (Al_2O_3)	산화철 (Fe_2O_3)	석회 (CaO)	고토 (MgO)	소다 (Na_2O)	산화칼륨 (K_2O)	기타
조성비%	69	11	11	2	1	2	1	3

(2) 토양의 성질

토양 속에 생존하는 토양미생물에 의해 산소가 결핍되거나 이산화탄소를 10% 정도 함유하며, 1g의 토양 입자가 물에 용해된 물질이나 가스 등을 흡착하는 전 표면적은 0.1~0.95 m^2 정도이며 입자의 크기가 미립자일수록 흡착력이 강하며, 냄새를 흡착하여 제거하는 효과도 있다.

① 토양은 철분 등 산화되기 쉬운 성분을 함유한다.
② 토양 내 존재하는 각종 미생물의 수는 토양 1g 중에 약 10만개 이상이다. 따라서 비옥한 토양이란 미생물의 개체수가 많은 토양을 말한다.
③ 미생물들은 토양 생태계에서 양분을 공급하는 분해자의 역할을 한다.
④ 토양은 낙엽, 동물의 사체나 배설물 등을 토양미생물이 분해하여 생물의 생육에 좋은 유기물로 변하게 해 양질의 영양분을 공급하는 역할을 한다.

한편 토양 내 존재하는 토양 속의 질산화균에 의해 단백질 등에 함유된 유기성 질소를 암모니아성 질소, 아질산성 질소, 질산성 질소의 순으로 변화시키는 역할을 하는데 이를 질산화 작용이라 한다. 이와 같이 토양은 미생물의 분해작용, 흡착작용 등으로 토양으로 유입되는 각 오염물질들을 분해하는 자정작용(Self-Purification) 기능을 가진다. 반면에 중금속 물질과 같은 분해 불가능한 오염물질이나 다가염소화합물(PCB)과 같이 난분해성 물질들이 유입되면 자정작용이 불가능하므로 토양 오염물질 제거 작업이나 토양을 복원하는 작업 등으로 정화해야 한다.

6.2 토양 및 지하수오염의 발생원인

토양오염 물질은 외부에서 인위적으로 오염물질을 주입하거나, 화학비료나 살충제, 제초제 같은 농약 등의 오염물질로 구분된다. 지하수 오염 또는 토양오염과 연관된 경우 외에 지하수 채취를 위한 관정에 오염물질이 직접 유입되어 발생하기도 한다. 토양 및 지하수 오염의 피해와 복원 특성은 다음과 같다.

- 간접적인 피해 : 토양미생물의 오염과 지하수 오염으로 인한 인체에 미치는 영향
- 만성적인 피해 : 장기간 지속적으로 누적되어 인체에 미치는 피해이며, 만성적 피해는 급성피해보다 매우 위험하며 회복이 어렵다.

따라서 장기적으로 오염된 토양을 복원하기 위해서 경제적으로 많은 비용과 시간을 필요로 한다.

1) 토양 및 지하수 오염물질의 종류

(1) 농약

농토에 살포된 과다한 농약은 토양 오염물질뿐 아니라 연쇄적으로 지하수 오염물질이 되기도 한다. 난분해성 농약류는 특히 토양에 잔류하는 시간이 길어지며, 먹이사슬을 통한 생체농축으로 인하여 동・식물과 인체에 심각한 영향을 준다.

(2) 비료

우리나라는 농약과 함께 비료 사용량도 꾸준히 증가하여 단위면적당 사용량이 매우 높은 편이었으나 2000년대 이후부터 사용량이 소폭 감소하는 추세이다. 특히 KCl, K_2SO_4, 유안 등과 같은 산성비료와 비료성분인 NH_4^+, K 성분은 토양과 식물에 흡수되고, SO_4^{2-} 성분은 토양을 산성화시킨다.

(3) 유류 저장시설

토양과 지하수 오염을 유발하는 가장 유력한 시설이 유류 저장시설이다. 유류 비축기지, 정유공장, 원유제품 저장시설, 주유소 및 송유관 시설 등은 지하에 매설되어 있으므로 발견이 어려워 토양오염의 위험이 더욱 클 수 있다. 특히 유류 유출 시 벤젠, 에틸 벤젠, 자일렌, 톨루엔 등의 방향족 탄화수소류 화합물(BTEX)로 인해 지하수까지 오염되기도 한다.

(4) 폐광산

금속광산에 포함된 광석에 함유된 다량의 중금속 물질과 제련 과정에서 사용한 화학물질, 갱구의 유출수인 갱내수 등은 심각한 토양오염의 원인 물질이며, 주변 지역의 농경지까지 오염될 우려가 높아 농작물의 안전성을 위협하며, 피해 규모가 매우 클 수도 있다.

(5) 핵 폐기물

불안정한 원소의 원자핵이 붕괴하면서 α, β, γ 등의 방사선을 방출하는 것이 방사능(Radioactivity)이며, 이런 물질을 방사성 물질이라 한다. 원자력 관련시설에서 발생하는 핵폭탄 실험, 시설 사고 등으로 발생하는 세슘(Cs), 일산화탄소(CO), 스트론튬(Sr), 요오드(I) 등과 같은 방사능 물질이 외부 환경으로 유출될 수 있으며, 토양과 지하수 등에 축적되어 농작물 등 Food chain 을 통하여 인체로 유입되어 위험을 야기할 수도 있다. 대부분의 나라에서는 규제치를 정하여 엄격하게 관리・감독하고 있다.

(6) 기타

처리되지 않고 유출되는 산업폐수, 각종 산업시설에서 유발한 화학오염물질, 군부대 주둔 지역에서 유출된 화약 및 탄피 잔류물질 등이 토양과 지하수를 오염시킬 우려가 크므로 세심한 관리・감독이 필요하다.

2) 토양 및 지하수 오염 기준

(1) 토양오염물질

토양오염물질[2]은 「토양환경보전법」에서 규정한 구리, 비소, 수은, 카드뮴, 유류, 유기용제 등 21개 물질이다. 사람의 건강 및 재산, 동·식물의 생육에 지장을 초래할 우려가 있는 정도의 기준을 말하며, 대책기준은 토양오염도가 우려 기준을 초과하여 사람의 건강 및 재산, 동·식물의 생육에 실제로 지장을 주는 상태에서 토양오염 정화가 요구되는 기준이다.

(2) 지하수 수질기준

지하수 수질기준[3]은 지하수 개발 및 이용 시에 수질기준의 적합여부 판정을 위해 지하수 수질검사를 받아야 하는 기준이다. 기준을 초과할 경우에는 사전에 지하수 이용시설에 대한 오염방지 조치를 취해야 한다.

6.3 토양오염의 방지대책

토양오염을 사전 예방하기 위해서는 오염 우려가 큰 시설을 별도로 관리하는 것이 효율적이다. 토양환경보전법에서는 토양오염 가능성이 특히 큰 시설을 '특정토양오염 관리대상 시설'로 지정하고 있다. 대상은 「위험물안전관리법」에 의한 2만 L 이상의 석유류 제조 및 저장시설, 「유해화학물질관리법」에 의한 유독물 제조 및 저장시설, 「송유관 안전관리법」에 의한 송유관 시설, 기타 환경부장관이 고시한 시설로서 설치 전에 신고하도록 하고 있다.

---

2) 토양오염물질 : 환경관련법령에서 규정한 모든 오염물질이 대상이라 할 수 있으나, 토양환경보전법에서는 특히 토양에서 분해되지 않고 장기간 잔류하는 물질로 농작물의 생육을 저해하거나, 지하수를 오염작용으로 사람의 건강에 악영향을 미치는 물질을 말한다.

3) 지하수 : 환경부, 지하수의 수질보전 등에 관한 규칙

chapter

07

에너지와 신재생 에너지

chapter 07 에너지와 신재생 에너지

7.1 에너지의 개념 및 자원의 분류

1) 에너지의 개념

(1) 에너지의 정의

에너지가 일을 한다는 것은 인류가 탄생하기 전부터 일어난 현상으로 태양계도 에너지에 의해서 탄생한 것이다. 에너지는 물체가 물리적으로 일을 하게 하는 힘을 의미하며, 어떤 변화를 유발할 수 있는 힘이라 할 수 있다. 일을 하면 에너지가 증가하고, 에너지가 일로 바뀔 수 있는 밀접한 관계에 있다.

(2) 에너지의 개념

오늘날 우리가 열역학이라고 하는 에너지의 기본법칙은 19세기 후반에 확립된 것이다. 최초 에너지에 대한 연구는 에너지가 운동 물체에 어떤 효과를 나타내는지 고찰하면서 시작되었다. 에너지를 소비하여 나타나는 일의 양을 에너지의 크기라 한다. 어떤 물체에 힘을 작용시켜 그 물체가 일정 거리만큼 이동하였을 때 일의 양을 말하며, 이는 힘(F)과 이동거리(S)의 곱으로 나타내며, 기본 단위로 J(Joule)을 사용한다.

19세기 후반 "에너지 역학 보존의 법칙은 물체의 운동에너지와 위치에너지의 합은 불변이다"라는 이론이 확립되었으며 열도 에너지의 한 형태라는 열역학 법칙이 제시되었다. 1905년에 아인슈타인이 "물체의 에너지에 대해 모든 질량은 그에 상당하는 에너지를 가진다"라는 특수상대성이론을 제시하였으며 "그 반대로 모든 에너지는 그에 상당하는 질량을 가진다"라는 소위 질량-에너지 등가 관계를 확립하면서 에너지 연구의 획기적인 지평을 열게 되었다.

예) $E = MC^2$ (여기서 E : 에너지 , M : 질량 , C : 빛의 속도)

2) 에너지의 분류

(1) 에너지 자원의 분류

에너지 자원은 에너지로 활용이 가능한 자원을 말한다. 운동에너지, 열에너지, 빛에너지로 사용 가능한 화석연료, 핵분열 및 수력에너지와 태양, 풍력, 조력, 지열에너지 등의 대체 에너지원[1]을 말한다. 즉 인간이 사용할 수 있는 에너지의 형태로 전환되기 전 상태의 모든 자원을 의미한다. [표 7-1]은 자원의 성질에 따라 에너지원을 분류한 것이다.

[표 7-1] 에너지 자원의 분류

주요 에너지원	에너지 분류	자원 구분
석탄, 석유, 천연가스	화석에너지	비금속광물 자원
우라늄, 토륨	핵분열에너지	금속광물 자원
태양열, 풍력, 수력, 지열, 폐기물, 생물체(바이오), 수소, 원자력	대체에너지, 핵융합에너지	비광물자원/재생가능자원

① **에너지 흐름에 따른 분류** : 에너지를 자원으로 이용하여 최종 소비까지 분류하면, 1차 에너지와 2차 에너지로 분류된다.

- **1차(Primary) 에너지** : 오랜 기간 동안 자연의 변화에 따라 형성된 자연 상태 그대로 공급되는 에너지이며 석탄, 석유, 천연가스와 같은 화석연료[2], 수

1) 대체에너지의 좁은 의미는 신재생에너지라 하고, 넓은 의미로는 석유를 제외한 모든 에너지를 나타낸다. 여기서는 전자를 의미하여 사용하였다.

2) 고대지구의 생물화학적 변화로 생성된 석탄, 천연가스, 원유 등을 화석연료(Fossil fuel)라 한다.
실제 사용하는 에너지를 최종에너지라고 한다. 이때 최종에너지의 값은 2차 에너지에서 전송전선 손실분 같은 운송과정에서의 손실분을 뺀 값이다.

력, 원자력, 태양열, 지열 등을 말한다.

- **2차**(Secondary) **에너지** : 1차 에너지를 전환하여 생산되는 에너지로서 최종 소비분야에 적정한 형태로 사용된다. 1차 에너지 중 직접 사용되는 에너지와 일정한 변환 과정을 거쳐 다른 형태의 에너지로 전환된 산출물을 의미하며, 우리가 실생활에서 사용하는 전력 및 가스, 석유화학 제품 등이 여기에 속한다.

② **에너지 본질에 따른 분류** : 내부 에너지, 외부 에너지, 열 에너지, 기계 에너지, 화학 에너지, 핵 에너지 등으로 구분되며, 에너지 형태는 서로 변환되면서 인간 생활에 필요한 전기 및 기계적 에너지 또는 열에너지를 공급한다.

③ **에너지 소모 특성에 따른 분류** : 에너지를 사용한 후 완전히 소모되는지 여부에 따라 고갈성 에너지와 재생에너지(Renewable Energy)로 구분한다.

- **고갈성 에너지** : 화석연료, 핵연료 등과 같이 한번 사용 후 완전히 고갈되는 에너지
- **재생 에너지**(Renewable Energy) : 태양광 및 태양열, 풍력, 조력, 해양, 지열에너지와 같이 지속적으로 사용해도 자연적으로 재생되는 에너지

(2) 에너지원의 특성과 문제점

① **에너지의 특성** : 국가적 또는 지리적으로 분포가 일정하지 않은 석탄, 석유, 천연가스 등의 주요 에너지 자원은 지역적 편재성을 가지며 수자원, 풍력 등은 계절적인 편재성을 가지고 있다. 또 특정 국가나 사회의 구성원 및 생활환경에 따라 에너지 사용 형태가 다르므로 필요한 에너지의 양과 질이 변하는 수요적 특성도 가진다.

특히 에너지자원은 탐사 단계에서부터 생산, 가공 및 활용하기까지 장기간이 소요되므로 사회・경제적 구조와 산업화 추이에 따른 장기적인 에너지 확보 계획이 필수적이다.

에너지의 종류별 특징은 [표 7-2]와 같으며 일반적으로 환경문제 및 안전성 문제 등을 극복해야 하는 반면에 재생에너지는 현재까지 대부분 가격이 높은 것이 큰

단점이므로 가격 저감과 효율적인 에너지 이용기술의 지속적인 개발이 필요하다.

[표 7-2] 에너지원의 종류 및 특징

구분	종류	특징	
		장점	단점
기존 에너지원	석유	• 액체로서 취급용이 • 고발열량(10,000 kcal/kg) • 연소조정 편리	• 심한 지역적 편재 • 부존량이 가장 적음 • 지구온난화 및 대기오염 유발
	석탄	• 부존량이 가장 풍부 • 편재성이 석유보다 작음 • 가격이 가장 저렴	• 취급 불편 • 심각한 대기오염물질 배출 • 온실가스 배출
	가스	• 불순물이 거의 없음 • 연소장치 간단 • 석유와 유사한 특징	• 기체로서 저장과 수송의 제한 • 거액의 투자(LNG) • 비교적 고가(LNG 및 LPG)
	우라늄	• 풍부한 자원 • 비축 및 수송의 편리	• 주로 발전용에만 이용 • 안전상 문제(방사능물질)
재생 에너지원	수력	• 발전원가 저렴, 무공해	• 지역적, 시기적 편재
	태양열	• 에너지원이 무한정, 무공해	• 고가
	지열	• 인근에 에너지원 존재, 무공해	• 고온 지열지대의 지역적 편재
	풍력	• 에너지원이 풍부 • 무공해(소음공해 가능)	• 고가
	바이오	• 무공해	• 고가
	해양	• 풍부한 에너지원, 공해성 적음	• 해양생태계 훼손 우려, 고가

② 에너지의 문제점 : 현대 사회는 산업화와 과학기술의 지속적인 발전으로 세계 인류가 소비하는 에너지량이 급증하면서 발생하는 환경오염 문제가 심각하다고 할 수 있다. 국제에너지기구에 의하면 "전 세계가 현재와 같은 수준으로 화석연료를 사용하면 잔류 에너지 수명은 석유는 40년, 천연가스는 60년, 석탄은 200년 동안만 사용 가능한 양밖에 남아 있지 않다"라고 보고하였으므로 화석연료를 대체할 새로운 에너지 자원개발이 필수적이다.

에너지 자원의 확보 문제와 에너지 사용량 증가로 인한 심각한 환경오염 문제도 시급히 해결해야 할 지구촌의 과제이다. 화석연료는 연소 과정에서 발생하는 이산화탄소, 일산화탄소, 황산화물, 질소산화물 등의 각종 대기오염물질 배출원으로 인한 대기오염 문제와 산성비로 인한 산림 피해와 지구온난화에 의한 기후변화 등을 초래하여 인간의 건강과 환경 생태계에 큰 영향을 미치고 있다.

7.2 국내 및 세계 에너지 이용현황

1) 우리나라 에너지 이용현황

(1) 1차 에너지 소비량

우리나라의 1차 에너지 이용량은 2018년에 294.7백만 TOE에 달한다. 연평균 증가율은 1990년대에 7%대의 높은 성장세를 유지하다가 2000대 이후 연평균 3～4%대로 다소 하락하였으나 지속적으로 증가세를 유지하고 있다. 1차 에너지 수급현황 및 에너지원 점유율은 2016년의 1차 에너지원별 소비구조를 보면 석유가 40.1%로 가장 높은 점유율을 보이고 있고, 석탄 27.8%, LNG 15.4%, 원자력 11.6% 순으로 나타났다. 석유 의존도가 1990년 53.8%에서 2016년 40.1%로 지속적으로 하락하는 것은 발전용 에너지원 중에서 LNG, 원자력에너지의 비중이 증가했기 때문이다.

7.3 신재생에너지

1) 신재생에너지 개요

인류가 지금까지 에너지원으로 주로 사용해 온 석유, 석탄, 원자력 또는 천연가스

이외의 새로운 에너지 자원과 자연에너지 또는 재생 가능한 에너지 자원을 신재생에너지라 한다. 즉 신에너지와 재생가능에너지의 합성 용어이며, "기존의 화석연료를 변환시켜 이용하거나 태양광, 물, 강수, 지열, 풍력, 생물유기체 등을 포함하여 재생 가능한 에너지로 변환시켜 이용하는 에너지"로 국내법규[3]에서 정의하고 있다.

(1) 신재생에너지의 필요성

산업혁명 이후 인류가 주 에너지원으로 사용해 온 화석 연료의 미래 채굴 수명은 석유가 30~50년, 천연가스는 약 60년, 석탄이 약 200년 정도로 추정되고 있다. 지금까지 화석연료의 사용 후 배출되는 오염물질로 인한 지구 온난화 현상은 가시적으로 심각한 기후변화 현상을 나타내고 있다. 따라서 화석연료 사용량을 줄이거나 신재생 에너지 등으로 대체하지 않으면 기후변화로 인한 큰 환경 재난을 계속 겪게 될 것이다.

인류의 생존을 위해 고갈되지 않고 환경문제가 없는 지속적으로 순환이 가능한 신재생에너지는 불가피하게 개발해야만 한다. 지금까지의 신재생에너지는 경제성이 낮고 초기 투자비용이 큰 단점에도 불구하고 선진국들은 과감한 보급정책을 추진하여 실행하고 있다. 특히 우리나라는 대부분의 에너지 자원을 수입에 의존하고 있고 높은 인구밀도 때문에 면적당 환경부하가 매우 크므로 신재생에너지 개발 및 보급이 반드시 필요한 실정이다.

(2) 신재생에너지의 분류

- **1차 에너지원** : 태양에너지, 풍력, 소수력, 바이오매스, 지열, 해양에너지 등과 같은 자연 에너지 즉, 기존의 수력에너지 등을 포함하여 재생에너지(Renewable Energy)라고도 한다.
- **신에너지** : 취급이 곤란한 고체연료(석탄)를 가스화 또는 액화하여 활용 범위를 넓힌 석탄의 새로운 이용기술이 있으며 연료전지, 고효율 전동기, 열에너지 저장, 전력 저장 등과 같은 에너지 이용의 합리화 기술도 있다. 수소에너지도

3) 신에너지 및 재생에너지 개발이용보급 촉진법

신에너지 기술에 포함되며, 수소, 연료전지, 석탄액화가스 등 3종이 신에너지에 속한다.

- **재생에너지** : 태양열, 태양광, 바이오에너지, 풍력, 수력, 지열, 해양, 폐기물 등 8종을 규정하고 있다. [표 7-3]은 자원의 특성에 따라 에너지원을 분류한 표이다.

[표 7-3] 에너지 자원의 분류

주요 에너지원	에너지 분류	자원 구분
석탄, 석유, 천연가스	화석에너지	비금속광물 자원
우라늄, 토륨	핵분열에너지	금속광물 자원
태양열, 풍력, 수력, 지열, 폐기물, 생물체(바이오), 수소, 원자력	대체에너지, 핵융합에너지	비광물자원/재생가능자원

(3) **신재생에너지의 특징**

① **영속성** : 지속적으로 재생되므로 고갈되지 않는 영속성을 가진다.

② **환경성** : 대기오염물질과 지구온난화를 유발하는 CO_2의 배출량이 현저히 적다.

③ **공공성** : 인류의 생존을 위해서 친환경적인 에너지를 필수적으로 확보해야 하는 공익성을 지닌다.

④ **기술성** : 기존의 에너지원의 확보기술에서 상대적으로 고도의 기술이 요구된다.

※ 신재생에너지의 개발 및 적용 기술에서 요구되는 특징은

첫째, 시장성이 확보될 때까지 장기간이 필요하다.

둘째, 기술 적용의 불확실성은 높으나 향후 어떤 기술이 시장을 주도할지 불명확하여 기술 경합성이 높다는 점이다.

셋째, 대부분 위험요소가 많은 고위험, 고수익 창출형 기술이며, 주도적인 기술이 확보되기까지 상당기간이 소요되기도 한다.

넷째, 정책 의존성이 높아 신재생에너지 기술은 현재까지는 경제성이 낮으므로 각국 정부의 지원 정책에 큰 영향을 받는 상황이다.

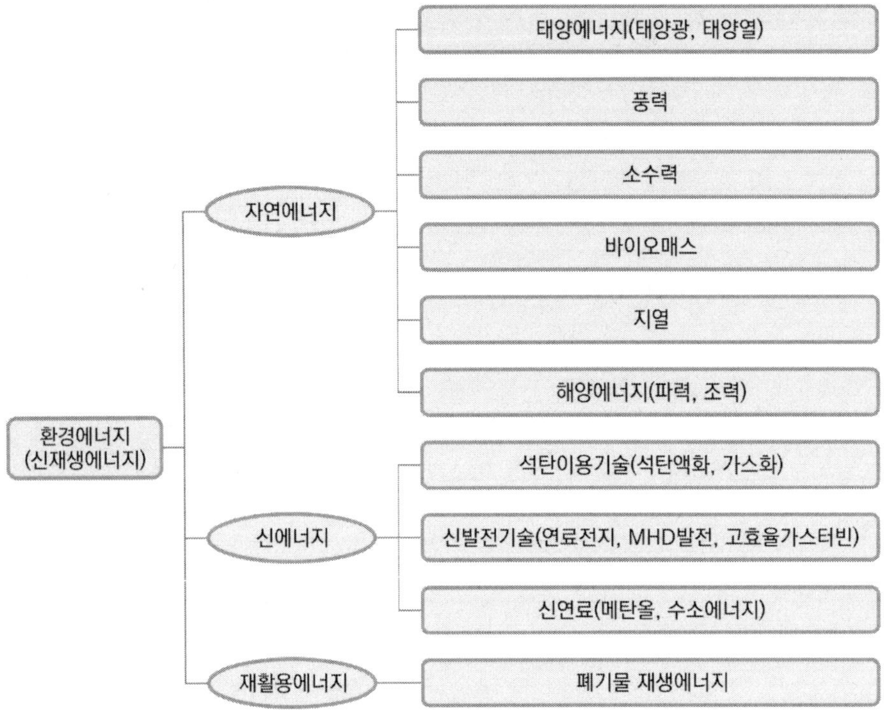

〈그림 7-1〉 환경에너지 분류

[표 7-4] 화석연료와 대체에너지로 생산된 에너지 1 kWh당 CO_2 배출량

구분		1 kWh당 CO_2 배출량 [단위 : g CO_2/kWh]
기존에너지	석탄화력발전	975.2
	석유화력발전	742.1
	LNG화력발전	607.6
	LNG	518.8
	원자력	28.4
신재생에너지	태양광	53.4
	풍력	29.5
	지열	15.0
	수력	11.3

2) 신재생에너지의 원리와 특징

(1) 태양광발전[4)]

태양광(Photovoltaic)발전은 무공해의 태양빛 에너지를 무한정으로 직접 전기에너지로 전환시켜 반도체, 염료, 고분자 물질 등으로 이루어진 태양전지를 이용하여 태양빛을 직접 전기에너지로 전환하는 기술 및 전기발전시스템의 통합기술이다. 태양의 복사에너지를 흡수하여 열에너지로 전환하여 에너지로 이용하는 태양열발전과는 원리가 다르다.

태양광발전 시스템은 PCS(Power Conditioning System)축전장치와 태양전지(모듈) 등의 요소로 구성되어 이 태양전지 판에 태양빛이 흡수되면 흡수된 에너지에 의해 반도체 내에서 전기를 갖는 정공(hole, +)과 전자(electron, −) 입자가 발생하여 각각 자유롭게 태양전지 속을 움직이게 된다. 여기서 정공(hole, +)과 전자(electron, −) 입자는 각각 P형과 N형 반도체 쪽으로 모여 전위를 발생시켜 앞뒷면에 붙인 전극에 전류가 흐르게 한 것으로 이것이 PN 접합에 의한 태양광발전의 원리이다.

〈태양광 발전시스템의 장 · 단점〉

- 장점

첫째, 에너지원이 청정하고 고갈되지 않는다.

둘째, 에너지가 필요한 장소 어디에서나 발전이 가능하다.

셋째, 유지보수가 용이하고, 무인화가 가능하다.

넷째, 설비의 내구성이 뛰어나다(20년 이상).

- 단점

첫째, 각 지역별로 일사량에 의존하여 전력 생산량의 차이가 크다.

둘째, 에너지밀도는 낮고 설치면적은 넓게 요구된다.

셋째, 시스템의 초기 설치비용이 높아 결국 발전단가가 비싼 약점을 지니고 있다.

---

4) 태양빛을 받아 광전효과에 의해 전기를 발생시켜 태양전지를 이용한 발전방식.

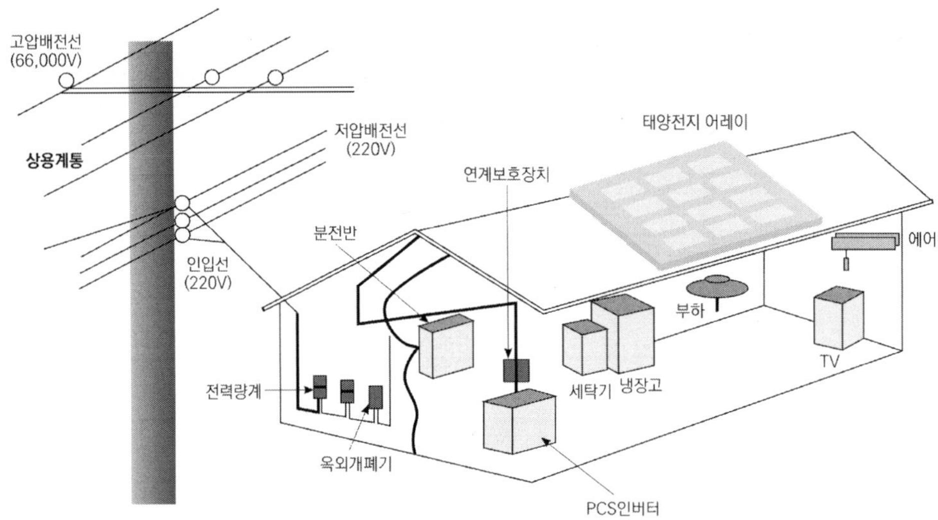

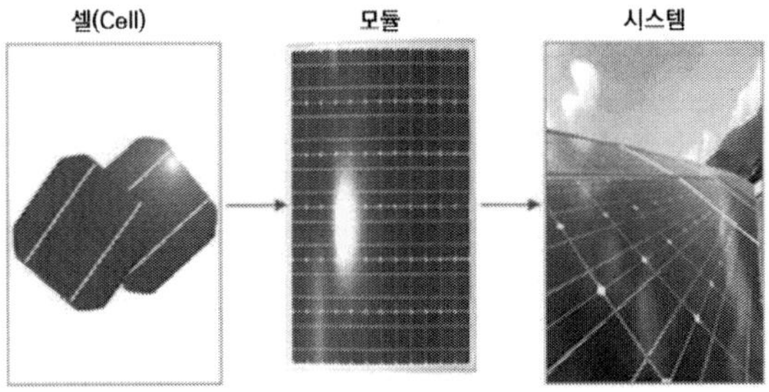

〈태양광 발전시스템 구성〉

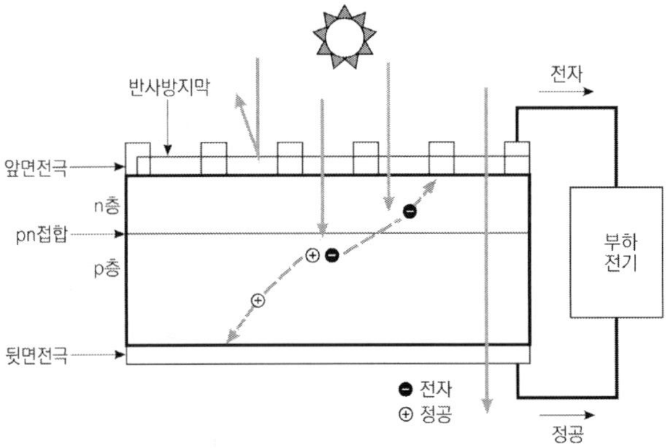

〈태양전지의 기본 구조 및 작동원리〉

〈그림 7-2〉 태양광발전 시스템 구성도

(자료 : 에너지관리공단 신재생에너지센터)

(2) 태양열 에너지

태양열 에너지는 태양의 복사에너지를 흡수한 후 열에너지로 전환하여 바로 이용하거나, 저장하여 필요할 때마다 사용하는 방법이다. 태양열 에너지의 세계적인 추세는 주택의 난방과 급탕 시스템, 온수기, 농·수산물 건조기, 저가 집열기 등을 중심으로 개발되어 사용해 왔다.

태양열 에너지는 화석연료를 대체할 수 있는 청정에너지 기술로써 타 에너지 기술에 비해 비교적 간단하여 재생에너지 중에서 가장 먼저 개발해온 에너지이다. 또한 어떤 지역에서나 적용이 용이하고 유지보수 비용이 저렴한 장점이 있다. 반면에 에너지 밀도가 낮고, 시간적으로 집열 용량이 일정치 않으며, 초기투자비용이 높은 점과 특히 겨울철에는 매우 불리한 단점이 있다.

[표 7-5] 태양열 시스템의 분류

구분	자연형(Passsive)	설비형(Active)		
	저온용		중온용	고온용
온도	60℃	100℃ 이하	300℃이하	300℃이상
집열부	자연형 시스템 공기식 집열기	평판형 집열기	PTC형 집열기 CPC형 집열기 진공관형 집열기	Dish형 집열기 Power Tower 태양로
축열부	Tromb Wall (자갈, 현열)	저온축열 (현열, 잠열)	중온축열 (잠열, 화학)	고온축열 (화학)
이용 분야	건물공간 난방	냉난방, 급탕, 농수산물 건조	건물, 농수산분야 산업공정 열공급 담수화	산업공정 열공급, 열발전, 우주용, 광촉매 폐수처리

(3) 풍력에너지

풍력에너지는 지상에서 바람의 힘이 회전력으로 전환되어 발생되는 유도전기를 활용하는 풍력발전을 의미한다. 이는 공기의 유동으로 발생되는 운동에너지의 공기역학적(Aerodynamic) 특성을 이용하여 회전자(Rotor)를 회전시켜 기계적인 에너지로 전환되어 발생한 에너지로 생성되는 유도전기를 외부 전력계통이나 직접 수요

자에게 전력을 공급하는 기술이다.

풍력 발전기는 바람의 운동에너지를 날개(blade)의 회전력에 의해서 전기에너지로 전환되며, 이때 이론상은 바람에너지 중의 약 60% 정도가 전기에너지로 전환될 수 있으나 실제 운영상에는 날개의 형상에 따른 효율과 기계적인 마찰, 발전기의 효율 등에 따라 약 20~40% 정도의 전기에너지를 이용하고 있다.

- 덴마크, 독일 등 유럽국가들을 중심으로 풍력발전이 크게 확대되고 있으며, 우리나라도 태백, 영주, 제주도 등에 보급하였으며 2017년 누적시설용량은 1,143MW로 매년 지속적으로 확대해 나가고 있다.

(4) 연료전지

연료전지는 연료의 산화반응으로 발생하는 화학에너지를 전기에너지로 직접 변환시키는 전지를 전기로 이용하는 일종의 발전 장치이다. 산화·환원 반응을 이용하는 원리상으로 보통의 화학전지와 유사하며, 가장 전형적인 수소·산소 연료전지가 있다. 수소·산소 연료전지의 경우 전극 사이에 산소와 공기를 넣어 화학반응을 유도한 다음 두 전극 사이에 음전하가 이동하면서 전기가 생성되도록 하는 원리이다.

- 연료전지 생성 연료로는 메탄올 및 하이드라진과 같은 액체연료 사용방식과 수소, 메탄 또는 화석연료인 천연가스를 사용하는 기체연료 사용방식을 포함한 여러 종류의 연료전지가 있다. 작동 온도가 300℃ 이하인 것을 저온형, 그 이상은 고온형이라 한다. 연료전지 기술의 발전 단계에 따라 고온형 용융탄산염 연료전지를 제 2세대라 하고, 고효율 발전이 가능한 고체전해질 연료전지를 제 3세대 연료전지라고 한다.
- 연료전지의 발전 효율은 40~60% 정도이고, 연료전지를 이용한 열병합발전의 경우에는 80% 이상의 효율 상승이 가능하다. 대기오염물질 생성이 거의 없으며, 화력발전에 비하여 CO_2 발생량도 20~40% 감소되고 소음이 없어 환경성이 매우 높다. 전력 수요가 높은 도심부의 설치가 용이하며, 소음이 없고 전력 손실량이 적어 부하변동에 따른 대응이 신속한 장점을 가진다.

(5) 수소에너지

수소에너지 기술은 화석연료, 유기물, 물 등의 화합물질에 존재하는 수소를 분해하여 이용한 후에 다시 물로 재순환하는 기술이다. 화석연료 자원이 빈약한 국가에 적합하며, 자원 고갈의 우려가 없는 신재생 에너지원 중의 하나이다. 물의 전기분해로 가장 쉽게 제조 가능하나 입력에너지(전기에너지)에 비해 수소에너지가 작아 경제성이 매우 낮아서 실용성이 떨어지므로 대체 전원 또는 촉매를 이용한 연구가 진행되고 있다.

현재 수소는 기체로 저장하고 있으나 단위부피당 수소저장 밀도가 너무 낮아 경제성과 안전성이 부족하여 액체 및 고체로 저장 가능한 기술을 연구하고 있다.

- 수소를 연료로 사용할 경우 대기오염물질이 거의 배출되지 않으며 온실가스 CO_2 배출 기준에 있어 석탄의 CO_2 배출량을 100으로 할 때 석유와 천연가스는 각각 80 및 60의 CO_2를 배출하나 수소는 CO_2 배출이 전혀 없다.
- 수소의 이용 분야는 수소자동차, 수소비행기, 연료전지 등 산업용의 기초 소재 등 일반 연료로 사용이 가능하며 현재 에너지시스템의 모든 분야에서 이용이 가능하다. 수소의 생산비용이 고가이므로 현재는 특수 분야인 고온 용접기와 반도체 분야 정도에서만 이용되고 있다.

(6) 바이오에너지

바이오에너지(Bio-energy)는 유기성 생물체를 칭하며, 바이오매스(Biomass)[5]를 직접 이용하거나 생화학적, 물리적 변환 과정을 통해 액체, 기체, 고체 등을 연료나 전기・열에너지 형태로 이용하는 것을 말한다.

현재 이용되는 주 바이오매스의 종류는

① **전분질계의 자원** : 곡물과 감자류 등

② **셀룰로오스계의 자원** : 목초, 볏짚, 톱밥, 왕겨 및 농수산물 등

5) 바이오매스(Biomass)태양에너지를 받고 생존하는 광합성 식물, 생물(미생물 등) 및 균체류 등이 먹이사슬로 연결된 생물 유기체.

③ **당질계의 자원** : 사탕수수, 사탕무우 등

④ **단백질계의 자원** : 가축 분뇨, 동물의 사체와 미생물의 균체 등 다양한 성상을 지닌다.

⑤ **유기성 폐자원** : 이들 자원으로부터 파생되는 폐지, 음식찌꺼기 등의 폐자원 등

이러한 바이오매스를 이용한 에너지의 재생산은 환경오염 및 온실가스 저감효과와 함께 생산에너지의 형태를 연료, 전력, 천연화합물, 화학원료 등으로 다양하게 이용할 수 있는 장점이 있다. 반면에 문제점으로는 바이오매스 자원이 지역적으로 분산되어 있어 수집・운송이 어렵고, 자원의 성상과 형태에 따라 에너지 생산・이용 기술을 다르게 적용해야 하므로 각 자원에 적절한 기술개발이 필요한 점이다. 또한 무리하게 이용할 경우 자연환경의 훼손과 식량자원의 부족 현상을 초래할 수도 있으며, 대규모 설비여서 투자비용이 큰 단점이 있다. 바이오에너지 생산 기술의 종류와 특징은 [표 7-6]과 같다.

[표 7-6] 바이오에너지 기술의 종류

대분류	중분류	기술 내용
바이오 액체연료 생산기술	바이오에탄올 생산기술	당질계, 전분질계, 목질계 이용기술
	바이오디젤 생산기술	바이오디젤 전환 및 엔진 적용기술
	바이오매스 액화기술(열적전환)	바이오매스 액화, 연소, 엔진 이용기술
바이오매스 가스화기술	혐기소화에 의한 메탄가스화 기술	유기성 폐수의 메탄가스화 기술 및 매립지가스 이용기술(Biogas)
	바이오매스 가스화기술(열적전환)	바이오매스 열분해, 가스화 및 전기 생산기술
	바이오 수소 생산기술	생물적 바이오수소 생산기술
바이오매스 생산・가공기술	에너지 작물 기술	에너지작물 재배, 육종 및 운반・가공 기술
	생물적 CO_2 고정화 기술	바이오매스 재배, 산림녹화, 미세조류 배양기술
	바이오 고형연료 생산 및 이용기술	바이오 고형연료 생산 및 이용기술(펠렛, 우드칩, SRF(폐기물고형연료) 등)

가장 쉽게 적용한 방법은 서울 목동 열병합 발전소이다. 생활쓰레기 중 바이오매스를 소각하면서 발생하는 열에너지를 얻고 쓰레기양도 감량하는 방법이다. 또 다른 예는 농작물에 효모를 주입하여 발효한 후 생성된 알코올을 이용하는 방법과 동·식물체를 혐기성균을 이용한 발효공정에 의해 메탄가스로 생성하는 방법도 있다.

바이오연료는 현재 수송용 연료로 상용화된 1세대와 연구개발 단계인 2세대 바이오연료로 구분된다.

- 1세대 바이오연료는 식용작물로부터 당질계 또는 전분질계, 유기바이오매스 등으로 생산 가능한 바이오에탄올, 바이오부탄올과 바이오디젤 등의 차량용 대체연료를 말한다.
- 2세대 바이오연료는 원료가 식량 시장과 연계되어 있지 않은 식용 불가능한 섬유소계 바이오매스로부터 생산되는 연료이며, 1세대 연료에 비해 원료 수급의 안정성이 보장되는 장점이 있다.

바이오디젤은 유지계 식물로부터 추출한 기름에 알코올(메탄올)과 촉매를 넣고 반응시켜 생성된 디젤을 차량연료로 사용하게 된다. 일반 차량의 경우에는 바이오디젤을 20% 이하로 혼합하여 사용할 수 있으며, 바이오디젤 전용차의 경우에는 100% 사용이 가능하다.

(7) 폐자원에너지

폐자원에너지는 폐기물에서 고체연료, 액체연료, 가스연료 및 폐열 등을 생산하여, 이를 에너지로 이용하는 재생에너지이다. 사업장 또는 가정에서 발생되는 가연성 폐기물 중 에너지 함량이 높은 폐기물을 에너지로 전환하거나 유기성 폐자원에서 가스를 생산하는 것이 폐자원 에너지화 기술이다. 이는 4가지 기술로 구별된다. ① 폐기물 고형연료(SRF)[6]화 제조기술, ② 열분해에 의한 오일화 기술, ③ 가스화에 의한 가연성가스 제조기술, ④ 소각에 의한 열회수 기술 등이다.

6) SRF(Solid Refuse Fuel)폐기물 고형연료. RDF(Refuse Derived Fuel)로 사용하다 변경하여 사용함.

특히 가스화 제조기술은 유기성 폐자원인 음식물 쓰레기, 하수 슬러지, 축산분뇨 등을 이용하여 메탄가스(바이오가스)를 생성하는 기술을 의미하며 넓은 의미에서는 바이오매스(Biomass)라고도 하며, 농가에서 발생하는 농작물의 부산물, 목재류 등 자연계로부터 발생하는 모든 폐자원을 말한다.

유기성 폐자원으로 생성된 바이오 가스는 혐기성미생물의 소화작용으로 메탄 형성 박테리아가 바이오매스를 분해할 때에 발생하는 대사 산물인 메탄과 이산화탄소의 기체를 말한다.

바이오가스의 형태는 퇴비가스, 습지가스 등 자연적인 생성과정과 인위적인 공정으로 제조된 바이오가스가 있으며, 이 에너지원들은 전력 및 열 공급을 가능하게 한다. 특히 폐기물의 에너지화 기술은 조기에 보급이 가능한 장점과 다른 신재생에너지에 비하여 경제성이 매우 높고 처리가 필수인 폐기물을 재활용함으로써 처리 비용을 절감함과 동시에 대체에너지원으로 큰 주목을 받고 있다.

[표 7-7] 폐자원 신재생에너지의 종류

종류	세부내용
폐자원 고형연료(SRF)	종이, 나무, 플라스틱 등의 가연성 폐기물을 파쇄, 분리, 건조, 성형 등의 공정을 거쳐 제조된 고체연료
폐유 정제유	자동차 폐윤활유 등의 폐유를 이온정제법, 열분해 정제법, 감압증류법 등의 공정으로 정제하여 생산된 재생유
플라스틱 열분해 연료유	플라스틱, 합성수지, 고무, 타이어 등의 고분자 폐기물을 열분해하여 생산되는 청정 연료유
폐기물 소각열	가연성 폐기물의 소각열 회수에 의한 스팀 생산 및 발전, 시멘트킬른 및 철광석소성로 등의 열원으로 이용 등

폐자원 에너지 기술은 대부분 실용화되어 2017년 국내 신재생에너지의 14,178,408 TOE 중 폐기물 8,742,726 TOE로 61.7%를 차지하고 있다.

[표 7-8] 폐자원 에너지 종류별 보급현황(2017) (단위 : TOE)

종류	총계	폐가스	산업폐기물	생활폐기물	시멘트킬른 보조연료	SRF	정제 연료유
보급량	8,742,727	5,189,393	944,486	949,551	661,278	821,614	176,405

(8) 지열에너지

지열에너지는 지하수, 지하 지질층의 열, 물 등의 온도차를 히트펌프(heat pump)를 이용하여 냉・난방용 에너지로 이용하는 기술이다. 태양열 에너지의 약 47%가 지표면을 통해 지하에 저장되며, 태양열을 흡수한 땅속의 온도는 지형에 따라 다르며, 이 지열에너지는 지표면에서부터 깊이에 따라 천부지열(shallow geothermal)의 온도인 대략 10~20℃ 정도와 심부지열 온도인 40~150℃ 정도로 구분된다. 지열에너지는 보통 건물의 냉난방용 열원으로 활용되며 히트펌프란 핵심 설비를 이용하여 지열과 같은 저온의 열원으로부터 열을 흡수하여 고온의 열원에서 열을 보내주는 장치로서 열을 빼앗긴 저온측은 여름철 냉방에, 열을 얻은 고온측은 겨울철 난방에 이용할 수 있는 설비이다.

지열시스템의 종류는 지열을 회수하는 열교환 파이프의 회로 구성에 따라 폐쇄회로(Closed Loop)와 개방회로(Open Loop)방식의 2가지로 구분된다. 첫째, 폐쇄회로 방식은 고밀도폴리에틸렌(HDPE)으로 제조된 파이프 내에 지열을 교환하기 위한 열매체가 순환되고 상대적으로 냉난방 부하가 적은 곳에 쓰이는 반면에 개방회로는 호수, 댐, 강, 저수지, 우물 등에서 공급받은 물을 운반하는 파이프가 개방되어 있는 것으로 풍부한 수원지가 있는 곳에서 적용할 수 있으며, 파이프내로 직접 지열원이 회수되므로 열전달 효율이 높고 설치비용이 저렴한 장점과 잦은 보수가 단점이기도 하다.

(9) 수력에너지

물은 중력에 의해 높은 곳에서 낮은 곳으로 흐른다. 그 흐름의 수로에 설치된 수차발전기의 회전으로 전기에너지를 발생시키는 것이 수력발전(Hydropower generation)

이다. 즉, 위치에너지(낙차)가 수차에 회전력을 발생시키고, 수차와 직결된 발전기에 의해서 전기에너지로 변환시키는 것이다.

2005년 이전에 시설용량 10 MW 이하인 수력발전을 소수력으로 국내법에서 규정하여 재생에너지로 구분하였으나, 이후 소수력을 포함한 수력 전체를 신재생에너지로 정의하고 있다.[7] 수력발전은 설비용량과 낙차, 발전방식에 따라 분류되며, 이중 소수력 발전은 소규모 하천의 물을 인공적으로 유도하여 저낙차 터빈을 이용한 발전방식이며, 장점으로 각지에 산재된 수자원 활용이 쉬우며, 건설 후 운영비가 저렴하고, 전력생산 외 농업용수 공급, 홍수조절 등에도 기여할 수 있는 반면에 단위생산량당 초기 건설비용이 크고, 강수량에 따라 발전량의 변동이 큰 것이 단점이다.

우리나라는 수력발전기의 2017년 기준으로 총 설치용량은 1,794MW이다.

(10) 해양에너지 기술

해양에너지 기술은 해안의 구조적인 특성과 해양 및 바닷물의 물리적인 성상에 따라 해양에 분포하는 다양한 요소인 파랑, 조류, 조석, 수온, 바람, 염도 등의 물리적 에너지를 전기에너지로 전환하는 기술이다. 에너지 이용 방식에 따라 조력, 파력, 조류, 온도차 발전으로 분류되며, 그 외 근해 풍력발전, 해양 생물자원의 염도차 발전 및 에너지화 등이 있다.

7.4 국내 신재생에너지 정책 및 이용 현황

1) 신재생에너지 보급현황

선진국에 비해 국내 신재생에너지 보급 비율은 다소 낮은 편이며, 정부는 2015년

7) 국내법은 「신에너지 및 재생에너지 개발이용보급 촉진법」에 따른다.

4.3%, 2020년 6.1%, 2030년 11.0%로 확충한다는 계획을 잡았다. 2016년 기준으로 4.81%를 달성하여 계획대비 보급률이 증가되고 있어 향후 달성률은 더 클 것으로 예상된다. 이중 대부분이 폐기물 에너지가 차지하고 있다. 첨단기술을 적용한 재생에너지 이용율은 더 작은 실정이다. 각 에너지원별로 2016년의 국내 신재생에너지 보급 추이는 폐기물의 비중이 전체의 약 61.7%를 점유하고 있으며 그 다음이 바이오에너지가 19.5%, 수력이 7.7%를 차지하고 있다. 최근에 급증하고 있는 태양광 7.7%, 풍력의 경우 2.5% 순이다. 세계적인 신재생에너지 보급 추이는 〈그림 7-3〉과 같다. 세계 최종에너지 소비 중 재생에너지 비중은 화석연료 79.5%, 핵에너지 2.2% 재래식바이오매스 7.8%, 신재생에너지 10.4%(1.7% : 바람, 태양, 바이오매스, 지열, 수력발전, 0.9% : 운송을 통한 바이오연료, 3.7% : 수력발전, 4.1% : 바이오매스, 태양, 지열) 순이다.

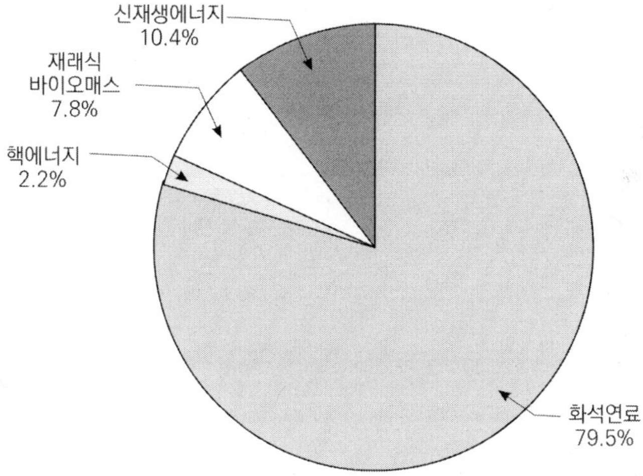

〈그림 7-3〉 2016년 세계신재생에너지원 별 공급 비율(자료 : REN21)

[표 7-9]는 최근 연도별까지 국내 신재생에너지원별 보급 추이를 나타낸 것이며, 생산량은 연평균 10% 이상 증가하고 있으나 전체 에너지 소비량도 지속적으로 증가하고 있으며, 점유비율 또한 증가세를 보이고 있다.

[표 7-9] 신재생에너지 보급 현황 (단위 : 천TOE)

구분		2012	2013	2014	2015	2016
합계	공급량	8850.7	9879.2	11,537.3	13,292.9	14,178.4
태양열		26.3	27.8	28.4	28.4	28.4
태양광		237.5	344.4	547.4	849.3	1,092.8
바이오		1,334.7	1,558.4	2,821.9	2,765.6	2,765.4
폐기물		5,998.5	6,502.4	6,904.7	8,436.2	8,742.7
수력		814.9	892.2	581.1	453.7	603.2
풍력		192.7	242.3	241.8	283.4	355.3
지열		65.3	86.9	108.4	135.0	162.0
수소, 연료전지		82.5	122.4	199.3	230.1	241.6
해양		98.3	102.0	103.8	104.7	104.5

2) 신재생에너지 확대정책

정부는 신재생에너지 보급을 확대하기 위해 각종 지원정책을 도입해왔다. 대표적으로 재생에너지 시설을 설치하는 경우 설치비용을 융자하거나 보조하는 제도 즉, 발전차액지원제도(FIT : Feed-in Tariff)는 2002년부터 신재생에너지 발전으로 공급한 전기의 거래가격이 기준가격보다 낮은 경우에 그 차액을 지원하는 제도로 시행하다가 2012년에 폐지하였다. 또한 새로운 신재생에너지 공급의무화제도(RPS, Renewable Portfolio Standard)를 도입하였다. 이는 일정 규모 이상의 발전사업자에게 총 발전량 중 일정량 이상을 신재생에너지 전력으로 공급하도록 의무화하는 제도로서, 설비규모 500MW 이상의 발전사업자를 대상으로 하고있다. 신재생에너지의 전력 담당은 2012년부터는 지정된 총 공급량의 2%를, 2017년에는 4%, 2018년에는 5%의 전력을 충당해야 하며, 2022년에는 9%, 2023년부터 10%까지 늘리도록 의무화하였다. 우리나라는 [표 7-10]과 같이 2018년에 총발전량의 약 5%를 신재생에너지로 생산하였다.

[표 7-10] 신재생에너지의 연도별 공급 의무량 단위 (천REC)

해당 연도	2012년	2013년	2014년	2015년	2016년	2017년	2018년	2019~2022년	2023년 이후
비율(%)	2.0	2.5	3.0	3.0	3.5	4.0	5.0	9.0	10%
공급 의무량	6,420	9,210	11,577	12,375	15,081	17,039	21,999	매년1% 증가	-

공급의무량 = 공급의무자의 총발전량(신재생에너지발전량 제외) × 의무비율
연도별 공급의무량 비율(신에너지 및 재생에너지 개발·이용·보급·촉진법 시행령 별표3)

3) 해외 신재생에너지 정책 및 동향

2011년 기준으로 세계경제가 불황기임에도 불구하고 재생에너지에 대한 수요는 지속적으로 증가하고 있으며, 세계 최종에너지 중에서 재생에너지의 공급은 약 19%로 추정된다. 이 중 재래식 바이오매스가 차지하는 비중은 약 9.3%이며 이는 주로 개도국의 농어촌 지방에서 난방과 취사용으로 사용되고 있다. 순수한 신재생에너지원은 9.7%정도 있고 [표 7-9]와 같이 바이오매스·태양열·지열을 통한 열에너지 이용이 4.1%, 수력발전이 3.7%, 풍력, 태양력, 지열, 그리고 바이오매스를 통한 발전과 바이오연료가 약 1.9%를 차지하고 있다.

2008년~2012년까지 재생에너지 설비용량 중 전력 부문에서 가장 높은 증가율을 보이고 있으며, 2017년 OECD 국가의 경우 바이오에너지가 가장 많이 보급되고 있다. 수력과 재생에너지 보급량은 52.9%이며, 재생에너지원 별 비중은 바이오 50.6%, 수력 22.3%, 풍력 11.1%, 지열 6.9%, 재생폐기물 2.9%, 기타(태양, 조력) 6.3% 등의 비율을 보이고 있다.

2017년까지 재생에너지 공급은 연평균 2.6%씩 성장하고 있어 1차 에너지 공급의 연평균 성장률(0.4%)보다 높은 추세이며, 세계적으로 태양광은 2016 대비 29% 증가하여 총 38.4%로 가장 높은 성장률을 보였으며, 태양열이 22.5%로 2위를 차지하고 있다.

[표 7-11] OECD 선진국 중 주요 16개국의 신재생에너지 보급추이

국가		2005	2010	2013	2014	2015	2016
오스트리아	공급량 (비중)	7,026 (20.9%)	9,108 (26.9%)	9,952 (29.9%)	9,603 (30.0%)	9,652 (29.4%)	10,008 (30%)
캐나다	공급량 (비중)	45,546 (16.7%)	44,008 (16.6%)	49,442 (18.3%)	49,053 (17.6%)	48,902 (18.1%)	48,708 (17.5%)
덴마크	공급량 (비중)	2,839 (15.0%)	3,919 (20.1%)	4,316 (25.2%)	4,467 (27.7%)	4,761 (29.6%)	4,956 (30.0%)
프랑스	공급량 (비중)	15,667 (5.8%)	20,796 (8.0%)	22,872 (9.0%)	21,341 (8.8%)	21,813 (8.8%)	23,038 (9.6%)
독일	공급량 (비중)	17,208 (5.1%)	27,568 (8.5%)	33,395 (10.5%)	35,404 (11.6%)	38,352 (12.5%)	39,587 (12.7%)
이탈리아	공급량 (비중)	14,105 (7.6%)	21,864 (12.6%)	26,368 (17.0%)	26,511 (18.1%)	26,266 (17.2%)	25,853 (17.3%)
일본	공급량 (비중)	15,731 (3.0%)	18,946 (3.8%)	19,926 (4.4%)	21,268 (4.8%)	22,874 (5.3%)	20,455 (4.8%)
한국	공급량 (비중)	1,079 (0.5%)	1,812 (0.7%)	2,654 (1.0%)	3,934 (1.5%)	4,003 (1.5%)	4,861 (1.7%)
멕시코	공급량 (비중)	17,628 (9.8%)	15,148 (8.5%)	15,000 (7.8%)	15,928 (8.5%)	15,467 (8.3%)	14,475 (7.9%)
뉴질랜드	공급량 (비중)	5,348 (31.6%)	7,121 (38.7%)	7,501 (38.8%)	8,151 (39.8%)	8,366 (40.6%)	8,315 (40.5%)
노르웨이	공급량 (비중)	12,978 (48.4%)	11,676 (34.4%)	12,599 (38.6%)	13,060 (47.0%)	13,423 (45.3%)	13,970 (49.2%)
스페인	공급량 (비중)	8,397 (5.9%)	15,048 (11.8%)	17,744 (15.2%)	17,768 (15.5%)	16,617 (14.0%)	17,266 (14.5%)
스위스	공급량 (비중)	4,158 (16.0%)	4,977 (19.0%)	5,425 (20.3%)	5,286 (21.1%)	5,461 (22.3%)	5,328 (22.3%)
영국	공급량 (비중)	3,904 (1.8%)	7,277 (3.6%)	10,635 (5.6%)	12,537 (6.9%)	14,740 (8.2%)	14,577 (8.2%)
미국	공급량 (비중)	105,186 (4.5%)	125,256 (5.7%)	144,876 (6.6%)	149,517 (6.7%)	147,048 (6.7%)	152,534 (7.1%)
핀란드	공급량 (비중)	8,085 (23.5%)	9,342 (25.5%)	9,911 (29.8%)	10,299 (30.2%)	10,488 (32.3%)	10,560 (31.2%)

[표 7-11]은 주요 선진국의 신재생에너지 공급량과 1차 에너지 수요량 대비 보급률을 나타낸 것으로 보급률이 2000년대 이후 급증세를 보여 2017년에는 대부분 1차 에너지 중 10~ 20% 이상 지속적인 증가세를 나타내고 있다.

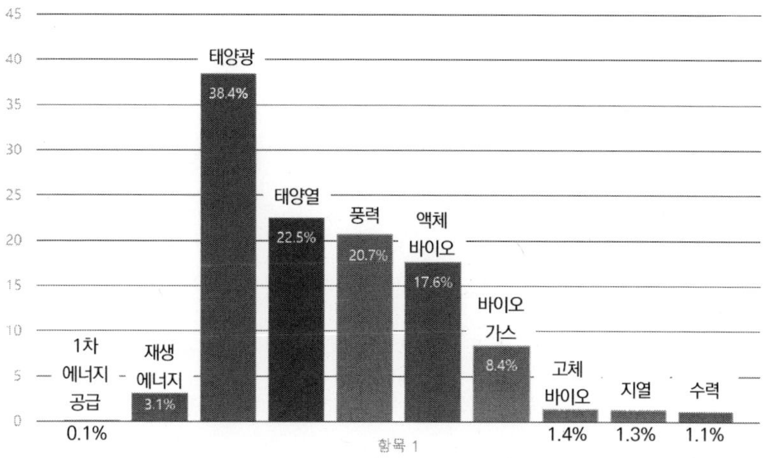

〈그림 7-4〉 2017년 OECD 국가의 경우 재생에너지 종류별 성장비율

신재생에너지는 선진국과 개도국에서도 크게 확대 시행하고 있다. 독일의 경우 전력 소비량의 23%가 재생에너지이고 열 소비량의 10.4%, 최종에너지 수요의 12.6%를 차지하였다. 미국에서는 풍력발전이 많이 늘어나고 있으며 재생에너지가 총 신규 발전설비의 절반 가까이를 차지했다.

2017년 재생에너지는 발전량은 연평균 2.7%씩 증가하는 추세이며 세계 발전량의 24.9%(2016년 23.8%)를 차지하여 재생에너지의 높은 성장세를 보여주고 있다.

재생에너지 발전 용량을 기준으로 한 국가별 순위를 보면 중국, 미국, 브라질, 캐나다, 독일 순이며 스페인, 이탈리아, 인도가 뒤를 따르고 있다. 지역별로는 브릭스(BRICs) 국가들이 세계 재생에너지 발전 용량의 35%, 수력을 제외한 재생에너지 용량의 27%를 차지하여 개도국으로 재생에너지 중심이 서서히 이동하고 있다. 세계 최대 에너지 소비국인 중국의 경우 풍력발전 증가율이 석탄발전 증가율보다 더 높았고 발전량도 처음으로 원자력발전량을 능가하는 등 에너지 확보 차원에서 신재생에너지 시설을 크게 확충하고 있다.

part

02

환경학 개론(응용편)

chapter

08

폐기물 관리

chapter 08 폐기물 관리

8.1 폐기물의 정의 및 종류

1) 폐기물의 정의

21세기 현대사회는 국내외적으로 국민들의 생활수준이 향상되고 신상품들의 개발에 따른 사용량이 증폭되면서 폐기물 발생량도 비례하여 증가하고 있다. 경제적인 풍요는 누리고 있으나, 환경보전에 대한 사전예방차원의 체계적인 환경정책의 수립이 완벽하지 않아 환경의 자정작용과 정화기능이 둔화되거나 상실되고 있다.

따라서 폐기물의 위생적인 처리가 심각한 환경문제로 대두되고 있으며, 이 쓰레기 문제를 해결하기 위하여 정부 및 공공기관을 중심으로 쓰레기 매립장, 소각장 등 처리시설을 확충해 왔으나 이러한 처리시설에서 발생하는 2차 오염문제뿐만 아니라 Nimby[1] 현상으로 시설의 건설 자체가 어려운 경우도 빈번하였다. 그러나 20세기 후반부터 선진국을 중심으로 폐기물을 새로운 폐자원으로 인식하여 최대한 재생·재활용하는 자원순환형 폐기물 관리방식이 인정되어 발전해 오고 있다. 즉 폐기물 발생을 사전에 최대한 감량하고, 발생된 폐기물은 최대한 자원으로 재활용하며, 최종적으로 처분한 최소한의 양만 위생적으로 폐기 처리하는 것이다.

폐기물이라 함은 사람의 소비 생활이나 상품의 생산과정에서 더 이상 필요치 않는 물질로 경제적 가치가 없는 물질을 말한다. 폐기물 중에서 재활용되지 못하는 것은 처리비용을 지불해야 하기 때문에 실질적으로는 경제적 가치를 지닌다고 할 수

1) Nimby : Not in my back yard 우리앞마당엔 기피시설 설치 안된다는 지역이기주의 의미, 반대로는 Pimfy-Please in my front yard.

있다. 따라서 전 세계와 우리나라도 회수 가능한 폐자원을 모두 분리・배출 및 수거를 체계화하여 재활용이 지속가능한 자원순환형 사회를 생활화해야 할 것이다. 전 세계 모든 인구가 지구온난화 저감을 위한 폐기물 발생을 최소화하는 Eco-Life 실천이 필수적이다.

2) 폐기물의 분류

현행 「폐기물 관리법」에서 폐기물은 발생원에 따라 생활계 폐기물과 사업장계폐기물로 2분화하며 사업장계 폐기물은 사업장의 제조과정에서 발생되는 사업장 배출시설계 폐기물, 사업장 생활계 폐기물, 건설폐기물, 지정폐기물(의료폐기물 등)로 구분된다. 폐기물의 분류체계는 〈그림 8-1〉과 같다.

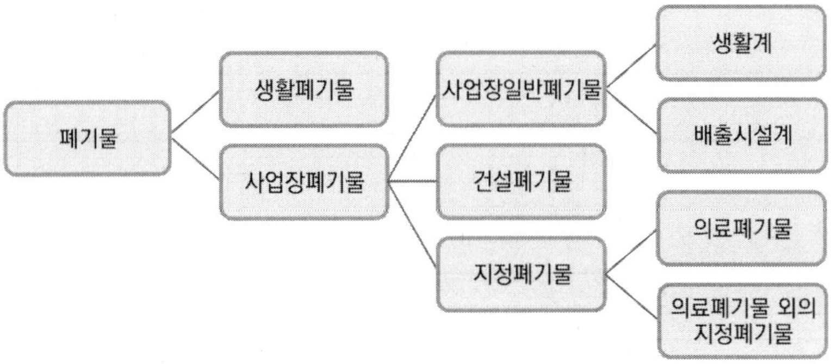

[그림 8-1] 폐기물의 분류체계

유해폐기물은 안전하게 처리되지 않거나 환경에 유출될 경우 사람의 건강과 환경에 미치는 악영향이 크기 때문에 우리나라에서도 사업장에서 발생하는 유해성이 높은 폐기물은 지정폐기물[2])로 분류하여 보다 엄격한 처리기준을 적용하여 관리하고 있다.

2) 지정폐기물 : 폐기물 관리법상 특별히 지정・관리해야 할 폐기물이라는 뜻.

[표 8-1] 지정폐기물의 종류 폐기물관리법 시행령[2018. 5. 21., 일부개정]

<table>
<tr><th>대분류</th><th>중분류</th><th>대상범위</th></tr>
<tr><td rowspan="3">특정시설에서 발생되는 폐기물</td><td>폐합성 고분자화합물</td><td>폐합성수지, 폐합성고무로서 고체상태의 것은 제외</td></tr>
<tr><td>슬러지류</td><td>폐수처리슬러지, 공정슬러지</td></tr>
<tr><td>폐농약</td><td>농약의 제조 · 판매업소에서 발생되는 것</td></tr>
<tr><td rowspan="2">부식성 폐기물</td><td>폐산</td><td>염산, 황산, 질산 등</td></tr>
<tr><td>폐알칼리</td><td>수산화나트륨, 수산화칼슘 등</td></tr>
<tr><td rowspan="3">유해물질 함유 폐기물</td><td>광재</td><td>고로슬래그(Slag)는 제외</td></tr>
<tr><td>분진</td><td>대기오염 방지시설에서 포집된 것(소각시설 발생된 것 제외)</td></tr>
<tr><td colspan="2">폐주물사 및 샌드블라스트 폐사, 폐내화물 및 재벌구이 전에 유약을 바른 도자기 조각, 소각재, 안정화 또는 고형화 · 고화처리물,폐촉매,폐흡착제 및 폐흡수제,폐형광등의 파쇄물</td></tr>
<tr><td rowspan="2">폐유기용제</td><td colspan="2">할로겐족 유기용제</td></tr>
<tr><td colspan="2">그 밖의 폐유기용제(할로겐족 유기용제 이외의 것)</td></tr>
<tr><td>폐페인트 및 폐래커</td><td colspan="2">페인트 및 래커와 유기용제가 혼합된 것, 폐페인트 용기 등</td></tr>
<tr><td>폐유</td><td colspan="2">기름성분을 5퍼센트 이상 함유한 것. (PCBs)함유 폐기물, 폐식용유와 그 잔재물, 폐흡착제 및 폐흡수제는 제외)</td></tr>
<tr><td>폐석면</td><td colspan="2">건조고형물의 함량을 기준으로 하여 석면이 1% 이상 함유된 제품 · 설비 등의 해체 · 제거 시 발생되는 것, 슬레이트 등 고형화된 석면 제품 등의 연마 · 절단 · 가공 공정에서 발생된 부스러기 및 분진, 석면의 제거작업에 사용된 바닥비닐시트,방진마스크,작업복 등</td></tr>
<tr><td>PCB 함유 폐기물</td><td colspan="2">액체상태와 액체 상태 외의 것</td></tr>
<tr><td>폐유독물질</td><td colspan="2">유해화학물질관리법에 의한 유독물을 폐기하는 것</td></tr>
<tr><td>의료폐기물</td><td colspan="2">의료기관이나 시험 · 검사 기관 등에서 발생되는 것</td></tr>
<tr><td>기타</td><td colspan="2">유해한 물질로서 환경부 장관이 고시한 것</td></tr>
</table>

8.2 폐기물의 발생 및 처리

1) 폐기물의 발생

생활계 및 사업장계 폐기물을 포함한 총 폐기물 발생량은 크게 증가하여 왔으며, 2016년도 폐기물 총 발생량은 약 415,345톤/일로 전년도 대비 2.6% 증가하였다. 발생량이 가장 큰 것은 건설폐기물 분야로 48%였으며, 그 외 폐기물은 산업발전과 생활수준 향상에 따라 사업장 배출시설계 폐기물은 39%, 생활계 폐기물은 13%로 지속적으로 조금씩 증가하고 있다.

생활폐기물 발생량은 1994년 쓰레기 종량제 봉투 유료화 정책 실시 후 감소추세를 보이면서 약간의 증감을 반복하다가 2016년 9월부터 2017년까지 0.93kg/인·일으로 OECD국가 평균치 1.43kg/인·일보다 훨씬 밑도는 발생량을 보여주고 있다[3].

2) 폐기물의 처리

생활폐기물의 처리부분에서 매립의 비율이 낮아지면서 재활용률이 크게 확대되고 있으며, 소각처리 비율도 점진적으로 증가하는 추세에 있다. 1994년 쓰레기 종량제봉투 유료화 실시 이후 재활용률이 서서히 증가하면서, 2011년 이후 재활용률은 59.1%로 크게 증가하였고 매립비율은 17.1%였다. 2017년 현재 생활폐기물 총발생량은 45,460톤/일 중에서 재활용률이 26,605톤/일(58.5%), 매립비율 6,465톤/일(14.2%), 소각처리는 12,389톤/일(27.3%)으로 거의 자원순환형으로 전환되고 있어 친환경적 관리가 순조롭게 진행되고 있다.

생활계 폐기물 중 연도별 음식물류 폐기물 발생 및 처리 현황은 [표 8-2]와 같으며, 재활용률이 가장 높은 상태를 나타내었다. 생활계 폐기물 처리방법별 변화 추이를 나타낸 것은 〈그림 8-2〉와 같다.

3) 자원순환정보시스템 2017년 제5차 전국폐기물 통계조사

[표 8-2] 음식물류 폐기물 발생 및 처리현황 (단위 : ton/일)

구분	2012	2013	2014	2015	2016
발생량	13,036.9	12,501.2	13,221.5	14,219.5	14,388.7(100%)
재활용	12,662	12,099.5	12,848.7	13,729.8	13,936.3(96.8%)
소각	286.4	296.0	247.7	329.8	316.9(2.2%)
매립	88.5	105.7	125.1	159.9	135.5(1%)

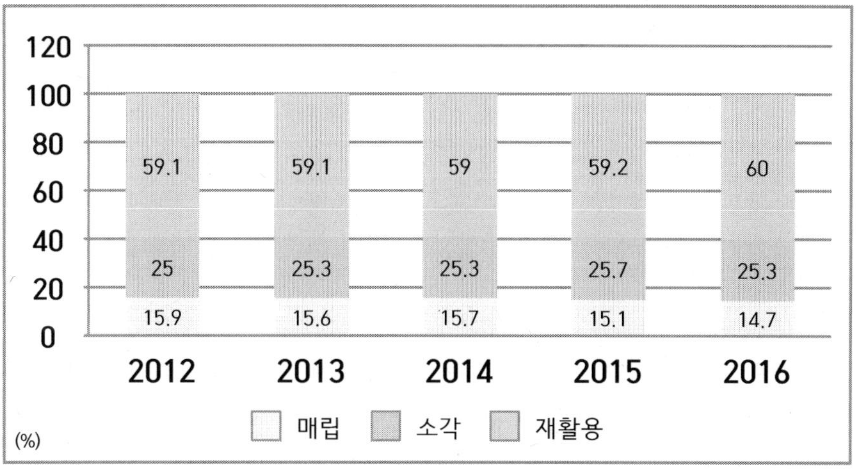

〈그림 8-2〉 생활폐기물 처리방법별 변화추이

3) 폐기물의 처분과정

폐기물처리 및 관리는 재활용이 크게 확대되고 있으며, 매립은 감소 추세이고 소각처리는 점진적인 증가 추세에 있다. 폐기물관리에서 지향하는 최우선 정책은 Recycling 정책으로서

첫째, 발생량을 최소화하는 감량화

둘째, 이미 발생된 폐기물은 자원으로 이용하는 재자원화

셋째, 최종적으로 잔류된 폐기물은 안전하게 처리(소각처리)하는 세 단계로 나눌 수 있다.

여기서 폐기물을 새로운 자원으로 인식하여 감량화와 재활용을 강조한 정책이 자원순환정책이며 Recycle(재활용)은 3R (Reduce, Reuse, Resource)을 통합한 개념으로 표현된다. 즉,

- Reduce : 발생단계에서 폐기물량을 저감하고,
- Reuse : 사용한 폐자원의 재질과 형태의 변화 없이 세척, 살균 과정을 거친 후 본래 용기를 재이용하는 것을 말하며,
- Resource : 본래 생산된 제품을 사용한 후 그 용기의 재질과 형태를 재가공하여 다시 새로운 용기나 다른 상품, 연료 등으로 제조하는 것을 말한다.

따라서 자원순환형 폐기물처리 시스템은 발생억제 및 감량(Prevention and reduction) → 재이용(Reuse) → 재자원화(Resource) → 최종잔류물 소각(Incineration) → 열에너지 회수(Energy recovery) → 최종 처분 매립(Landfill)의 순으로 진행된다.

실생활에서도 폐기물 발생량을 줄이기 위한 eco-life 의 3R 생활방식의 종류는 Refill, Reform, Remake 등이 있으므로 실행하면 많은 양의 폐기물을 감량할 수 있다. 실제로는 폐기물의 발생에서 최종처분까지 다양한 재활용 및 처분 방법이 있으나, 각 처분 방법마다 장·단점이 있으므로 지역적 특성과 환경성, 경제성, 효율성 등을 충분히 고려하여 가장 적합한 시스템을 선정한다면 많은 자원을 절약할 수 있다.

8.3 폐기물 감량제도

1) 폐기물의 감량화(Reduction)

폐기물 관리에서 가장 효율적인 것은 발생 단계에서 배출량을 최소화하는 것이다. 폐기물은 각 나라 별 경제 수준과 사회·문화적 여건에 따라 발생 패턴이 다르

므로 배출량을 줄이기 위해서는 다양한 방법이 필요하다. 우리나라가 특히 음식물 쓰레기 배출량이 많으며 이는 문화적 배경에도 기인한다. 쓰레기 감량화를 위한 방법은 직접규제 방식과 간접규제 방식이 있다.

- **직접규제 방식** : ① 포장재와 1회용 제품 사용을 규제하는 방안
  ② 사업자에 대하여 강제적 감량목표를 부여하는 방안
  ③ 특정 유해물질 사용을 규제하는 방안
- **간접규제 방식** : 쓰레기 처리비용을 발생량에 비례하여 부과하는 종량제, 폐기물 처리부담금 등 경제수단을 적용

(1) 쓰레기 종량제

쓰레기 종량제란 오염물질 배출자 부담 원칙을 적용한 "쓰레기를 버린 만큼 처리비용을 지불한다"라는 의미이다. 쓰레기 발생량을 원천적으로 줄이고 재활용품의 분리배출 및 수거를 촉진하기 위해 재산을 기준으로 부과하는 정액부과방식과 함께 쓰레기 처리비용을 쓰레기 배출량 즉, 쓰레기봉투 사용량에 비례하여 부과하는 체계로 전환한 것이다.

쓰레기 배출방법은 지방자치단체가 제작 및 판매하는 규격봉투에 생활폐기물을 담아 배출하도록 하고 재활용품(종이류, 캔과 고철류, 플라스틱류, 병류, 비닐 등)은 각 지방자치단체가 진행하는 방법에 따라 배출하면 무료로 수거해 가는 체계이다. 또한 폐가전제품 등의 대형 폐기물과 유해성 폐기물 및 베터리 종류는 EPR(Extended Producer Responsibility : 확대 생산자 책임재활용)[4] 제도로 생산자가 폐기물까지 책임이 확대되어 되가져 가는 제도를 말한다. 대형 폐가구 등은 배출자가 수수료에 해당하는 스티커를 구매한 후 부착하여 배출하도록 하고 있다.

(2) 음식물류 쓰레기 종량제

이 정책은 음식물 쓰레기 과다 배출로 인한 사회・경제적 비용이 증가하고 있어

4) EPR(생산자책임재활용확대)제도 : 생산자가 제조한 제품이 폐기되는 폐기물까지 책임지며 수거해가야 하는 제도

에너지 낭비와 기후변화에 악영향을 미치므로 발생 후 처리에서 사전발생 억제정책으로 전환하고 있다.

음식물류 폐기물 직매립 금지(2005.1.1) 후 음식물류 폐기물이 증가하고 있어 음식물류 폐기물 줄이기 노력은 전 국민 모두가 해야 할 과제이다. 최근에는 다양한 먹거리 문화와 1~2인 세대 가구수 증가에 따른 소포장 식재료, 소량식품 등을 판매하므로 소량씩 구매하여 버려지는 음식물 쓰레기와 잔반 없애기 등의 다각적인 방법을 개발, 이용해야 할 것이다.

(3) 사업장 폐기물 감량화제도

「사업장폐기물감량지침」(1996.12) 운영에 따라 사업장폐기물의 발생 억제를 위하여 발생원 감축과 재활용 등 자발적인 폐기물 감량 노력을 유도하고 사업자의 폐기물 감량화 실적분석 · 평가와 기술진단 · 지도 등을 통하여 지원하는 제도를 시행중이다. 그 결과 전체 원료 사용량은 증가하였으나 발생된 폐기물은 공정개선, 원료변경 등의 방법으로 폐기물 발생을 사전예방하였으며 최종폐기물 발생량도 전년 대비 6.8% 정도 감소하였다.

(4) 1회용품 사용 규제

생활수준 향상에 따른 편리성 추구로 1회용품 사용이 보편화되고 생산업체의 판촉 전략과 화려한 외관 포장제품 증가로 인해 자원낭비와 발생 폐기물량은 증가에 따른 처리비용 증가와 함께 환경오염과 자원에 부정적인 영향이 초래되고 있다. 2016년 한 해 동안 우리나라 종이컵은 257억 개, 1회용 플라스틱 및 페트병은 27만 4천 톤이 발생하였으며 1회용 과대포장을 억제하기 위한 기준인 「자원의 절약과 재활용촉진에 관한 법률」 시행에 따라 1회용품 사용업종을 대상으로 1회용 컵, 봉투, 쇼핑백 등 사용되는 1회용품 특성과 품목에 따라 규제하고 있다.

2) 자원순환관련 제도

불가피하게 발생된 폐기물의 가장 좋은 처분 방법은 Recycling하여 최대한 자원을 순환하는 것이며 폐기물 감량화정책, 2차 오염발생 방지와 환경오염물질 무배출(Zero emission) 등과 함께 최적화된 재활용 체계를 구축하여 지속적으로 개선하면서 이용하는 것이다.

국내법에서는 재활용을 「자원보존 및 재회수법」(Resource Conservation and Recovery Act, RCRA법)에서 "폐기물을 재사용, 재생이용하거나 재사용, 재생 이용할 수 있는 상태로 만드는 활동 또는 폐기물로부터 에너지를 회수하는 활동"으로 정의하고 있다. 재활용은 분류상 빈병을 회수하여 원형대로 재이용하는 것을 재사용(Reuse)이라고 하고, 폐기된 제품으로부터 유용한 자원을 회수하여 가공하는 것을 재자원화(Resource)라고 한다. 재회수(Recovery)는 물리적 · 화학적 방법과 소각방식 등에 의한 물질회수 또는 에너지 회수(Energy Recovery)로 구별된다.

(1) 생산자책임 재활용 확대제도(EPR : Extended Producer Responsibility)

제품 생산자들을 제품의 설계, 제조, 유통, 소비 및 폐기 전 과정까지 환경친화적인 경제활동을 유도하여 폐기물 감량(Reduction), 재이용(Reuse), 재자원화(Resource)를 포함한 Recycling을 촉진하고 자원순환형 경제 · 사회체계를 구축하기 위한 제도이며, 독일, 영국 등 EU 15개국과 호주, 일본, 대만 등 선진국들이 도입하여 실행 중인 제도이다.

EPR제도 도입(2003) 시 최초의 대상 품목을 중심으로 일부 품목을 새롭게 추가하였다.

- 2004년 : 필름류 포장재, 형광등 추가
- 2005년 : 오디오, 이동전화단말기 추가
- 2006년 : 프린터, 복사기, 팩시밀리 추가
- 2007년 : 화장품 추가

- 2008년 : EPR품목 중 전기 · 전자제품이 「전기 · 전자제품 및 자동차의 자원순환에 관한 법률」의 관리 대상으로 전환되면서 유해물질 사용규제 등 사전관리가 한층 더 강화되었으며, 망간전지, 알칼리망간전지, 니켈수소전지 등을 추가
- 2009년 : 1회용 봉투 등 필름류 포장재 추가
- 2010년 : 양식용 부자, 윤활유 용기 등을 추가

[표 8-3]은 생산자책임 재활용 확대제도 대상품목 종류를 나타내었다.

[표 8-3] 생산자책임 재활용 확대제도 대상품목

구분		EPR대상 제품 · 포장재
제품	전지류	수은, 산화은, 니켈 · 카드뮴, 리튬1차, 망간전지 · 알칼리망간, 니켈수소전지
	타이어	• 자동차,군수품 차량에 사용되는 타이어 • 건설 · 농업기계에 사용되는 타이어
	윤활유	• 자동차,군수품차량에 사용되는 윤활유 • 건설 · 농업기계에 사용되는 윤활유 • 선박 · 어선에 사용되는 윤활유
	형광등	수은이 들어있는 형광등 제조용 반제품인 램프를 포함
	양식용부자	수산물 양식용 부자(浮子)
	곤포 사일리지용 필름	곤포 사일리지용 필름
	합성수지 재질의 김발장	합성수지 재질의 김발장
포장재	음식료품류,농 · 수 · 축산물,세제류, 화장품류, 의약품 및 의약외품, 부탄가스제품,살충 · 살균제, 의복류, 종이제품, 고무장갑, 부동액 · 브레이크액 및 윤활유 등의 포장재	가. 종이팩(합성수지 또는 알루미늄박이 부착된 종이팩에 한함) 나. 유리병 다. 금속캔 라. 합성수지재질의 포장재(용기류,필름,시트형포장재 및 트레이 포함) ※ 부동액 · 브레이크 및 제6호에 따른 윤활유(합성수지재질의 포장재로 한정) ※ 상기품목 이외의 제품(합성수지재질의 포장재로 한정)
	전기기기류 등의 포장재	필름 · 시트형 포장재 및 발포합성수지 완충재
	1회용 봉투 · 쇼핑백	합성수지 재질의 1회용 봉투,쇼핑백(종량제 봉투 제외)

① 빈용기 보증금제도

사용된 빈용기의 회수 및 재사용 촉진을 위하여 출고 가격에 별도의 빈병 보증금

을 제품 가격에 포함시켜 판매한 뒤 용기를 반환하는 자에게 빈용기 보증금을 되돌려주는 제도이다. 「자원의 재활용 촉진에 관한 법률」 제 15조에서 대통령이 정하는 제품이란 반복 사용이 가능한 유리용기를 사용하는 제품을 말한다. 빈용기 보증급 시행 여부는 생산자가 스스로 결정할 수 있으며, 빈용기 보증금을 시행하지 않을 경우에는 생산자책임재활용확대제도에 따라 재활용의무를 이행하여야 한다.

② 분리배출 표시제도

EPR제도의 시행에 따라 재활용 의무대상 포장재의 분리배출을 쉽게 하고 재활용 가능한 폐기물의 분리수거율을 높여 생산자들의 재활용 의무를 원활하게 하는 실시제도로서(1995. 2. 22.) 종이, 종이팩, 유리병, 금속캔, 플라스틱류가 대상품목이다.

(2) 환경성 보장제

환경성 보장제는 「전기 · 전자제품 및 자동차의 자원순환에 관한 법률」(2008.1.1부터)에 따라 전기 · 전자제품과 자동차의 유해물질 사용을 억제하고 재활용이 쉽도록 제조하며, 그 폐기물의 재활용 촉진을 위하여 제품의 설계 · 생산단계부터 폐기시까지의 전 과정의 체계적인 관리로 환경부하 최소화를 목적으로 시행되고 있다. 환경성 보장제는 전기 · 전자제품 및 자동차의 재활용 재고를 위한 제품들의 사전예방정책과 사후 재활용정책으로 이루어진다.

사전예방정책은 전기 · 전자제품 및 자동차 제조 시 유해물질 사용제한, 재질 · 구조 개선, 재활용 가능률 달성 등이며, 사후재활용정책은 재활용 시설기준 강화, 재활용방법 및 기준준수, 재활용 목표 달성 등이다.

한편, 재활용목표관리제도란 전기 · 전자제품의 재활용 확대를 위하여 EU 등 선진국과 같이 인구 1인당 재활용 목표량을 설정 · 관리하는 제도로서, 생산자에게 부여하는 재활용 의무방식을 개별품목별 의무율 부과방식에서 인구 1인당 목표량 부여방식으로 변경하고, 품목별 관리방식에서 제품군별 관리방식으로 변경하는 제도이다.

(3) 폐기물 부담금제도

폐기물 부담금제도는 특정 대기 · 수질 유해물질 및 유독물을 함유하고 있거나, 재활용이 어렵고 폐기물 관리상의 문제를 초래할 가능성이 있는 제품 · 재료 · 용기의 제조업자 또는 수입업자로 하여금 환경오염 원인자 부담원칙에 따라 그 폐기물의 처리에 드는 비용을 부담하도록 하는 제도로 폐기물의 발생을 억제하고 자원의 낭비를 막는 데 그 목적이 있다.

2009년부터 현재까지 살충제 · 유독물제품 용기, 부동액, 껌, 1회용 기저귀, 담배, 플라스틱 제품 및 그 포장재 등 6개 품목에 대하여 폐기물 부담금을 부과하고 있다.

8.4 자원 순환형 폐기물의 자원화

1) 자원순환형 폐기물의 종류

(1) 폐지

우리나라 가정에서 배출되는 폐기물[5] 중 분리배출 · 수거가 가장 잘 되고 있는 품목은 폐신문지, 폐골판지 등 폐지류이며 쓰레기 종량제도의 정착으로 매년 회수량이 증가하고 있다. 따라서 국내 제지업체의 폐지 사용률도 매년 증가 추세이며, 2017년 총 폐지사용량 10,376천 톤/년 중 국내폐지가 8,929천 톤/년(86%), 수입폐지가 1,450천 톤/년(14%)으로 전년 대비 1.1% 증가하였다.

- 폐지 재활용의 장점
  - ① 산림자원의 보존
  - ② 제조단가가 낮아지므로 소비자가격도 저렴
  - ③ 종량제 폐기물 발생량도 저감

5) 국내배출폐기물자료는 전년도 2017년 통계자료임(2017년 자료는 2016년 이후 통계자료임)

(2) 고철 및 캔류

2017년 고철 사용량은 27,342천 톤/년으로 이 중 79%인 21,603천 톤/년이 국내에서 회수되고 21%인 5,739천 톤/년은 수입되었으며 2017년 고철 사용량은 철재 소비량 68,519천 톤/년 대비 약 40% 정도이다.

금속캔류는 2017년 발생량 187천 톤/년 중 재활용량은 152천 톤/년으로 약 81%를 재활용하고 있다. 특히 고철 캔류는 유가폐자원으로 회수율이 아주 높은 폐자원이다.

(3) 유리

폐유리 재활용 기술개발로 인하여 폐유리병 분리・배출 및 수거율이 확대됨에 따라 재활용률도 지속적으로 증가하여 왔다. 2005년 이후 유리병 소비량이 감소하였으나 2017년 폐유리 사용량은 483천 톤/년으로 총유리병 사용량 631천 톤/년 대비 77% 재활용률은 실현하고 있어 폐기물 감량에 상당히 효과적인 결과를 나타내고 있다.

(4) 폐타이어

폐타이어는 대한 타이어공업협회가 전국 약 30여 개 수거업체들을 통해서 회수한 후 재활용 업체에 공급하고 있다. 2017년 폐타이어 총 발생량은 390,411톤/년 중에서 276,369톤/년(71%)을 회수하여 재활용하였다.

(5) 폐윤활유

폐윤활유 발생량은 2017년 266,576톤/년 이었으며, 이중 재사용량은 185,313톤/년을 정제하여 윤활유로 재사용 하였으며 재활용률은 70% 정도로 유지하고 있다.

[표 8-4] 자원순환폐기물의 재활용 현황 (단위 : 톤/년)

폐기물별	사용량별	구분별	2011년	2012년	2013년	2014년	2015년	2016년
폐지	사용량	합계	10,262	9,493	10,157	10,133	10,093	10,376
		수입	1,435	1,449	1,511	8,723	8,714	8,926
		국내	8,827	8,044	8,646	1,411	1,379	1,450
	국내사용률	%	86	84.7	85.1	86	86.3	86
고철	사용량	합계	24,666	34,284	35,143	33,694	29,362	27,342
		국내	18,324	24,159	25,862	25,688	23,358	21,603
		수입	6,342	10,125	9,281	8,006	6,004	5,739
	국내사용률		74.2	70.4	73.5	76.2	79.5	78.7
금속캔	발생량		348	328	337	170	177	187
	재활용량		176	189	201	138	134	152
	재활용률	%	50	57.6	59.6	81.2	75.7	81.3
폐유리	유리병 사용량		716	702	649	660	665	631
	폐유리 사용량		535	529	491	511	514	483
	재활용률	%	75	75	76	77	77	77
폐타이어 (천개)	발생량		310,991	305,877	320,889	324,600	349,386	390,411
	재활용량		234,861	216,558	236,428	248,991	246,919	276,369
	재활용률	%	75.5	70.8	73.7	76.7	70.7	70.8
폐윤활유	발생량		238,521	235,717	250,065	248,109	251,028	266,576
	재사용량		173,976	173,258	175,118	176,704	186,854	185,313
	재활용률	%	72.9	73.5	70	71.2	74.4	69.5

2) 도시광산(Urban mine)

(1) 정의

도시에서 대량 폐기되는 가전제품에 존재하는 폐금속, 폐플라스틱 등 전자제품 속에 있는 희소자원을 회수하여 도시에서 잘게 파쇄하거나 제련기술을 이용하여 채취하는 유가금속이므로 도시광산이라 한다.

새 광산의 개발이 어려워지고 원자재 가격이 폭등하면서 각광을 받기 시작하였으며, 예로 금광석 1톤에서 금 5g 정도 채취하지만, 폐휴대 전화단말기 1톤에서는 금 150g, 은 1.5kg을 회수할 수 있다.

재활용(Recycling)대상 폐기물을 금속으로 한정하고 있으며, 자원순환의 개념 중 Recycling의 3R로 소분류하여 정의하면 다음과 같다.

- Reduction(감량화) : 제조공정에서 자원사용량을 절감하거나 폐기물 배출량을 저감하는 것
- Reuse(재이용) : 형태와 재질의 변형 없이 살균 및 세척 과정을 거쳐 재이용하는 것
- Resource(재자원화) : 폐자원을 해체한 후 파 · 분쇄, 선별, 용융 등의 가공 공정을 거쳐 재원료화하여 각 제품의 원료로 사용하는 것

(2) 도시광산의 특성

도시광산산업에서의 금속의 추출이란 사용이 종료된 제품 또는 폐기물 등을 수거해서 필요한 금속을 회수하여 재료로 다시 활용하는 재활용을 의미한다.

도시광산 산업은 고도의 정 · 제련기술을 요구하는 기술 집약형 산업으로써 기존 폐기물처리 또는 재활용 산업과는 확연히 구별되며 일반적인 도시광산산업의 특징을 살펴보면 다음과 같다.

① **자원순환산업** : 폐전자제품 등에서 금속물질을 분리 - 파쇄 - 선별하는 단계부터 정 · 제련하는 단계로 이어지는 완전한 자원순환시스템을 구축하고 있다.

② **고부가가치산업** : 폐전자제품을 비롯한 폐자동차 등의 폐기물에는 금속자원 함량이 높으므로 고부가가치를 창출할 수 있다. 따라서 폐전기 · 전자제품을 얼마나 많이 확보하느냐가 중요하다.

③ **재제조산업의 종합** : 폐전기 · 전자제품에서 회수한 희소금속 물질을 비롯한 비철금속 등을 정 · 제련단계에서 고도의 기술력을 통해 최초제품의 원료로 재

제조하는 산업

④ **소비자의 소비행태에 기인하는 산업** : 소비자의 소비성향과 제품 제조사의 제품 혁신에 기인하며 제품제조 기업이 희소금속 물질 비중을 줄이려는 노력 여하에 따라 도시광산 산업의 시장성과 수익성에 많은 영향을 끼친다.

⑤ **자원생산성산업** : 자연광산과 달리 도시광산 자원은 편재성이 높으며 자연자원이 부족한 한국은 편재성이 높은 도시광산 자원을 이용하면 자원 확보가 가능하다.

⑥ **친환경적 산업** : 버려지는 폐전기 · 전자제품 및 부산물 전량을 재활용함으로써 자원을 절약할 수 있고, 폐기물의 Zero-emmission으로 환경친화적인 산업이라 할 수 있다.

⑦ **공공재 특성** : 폐자원의 재활용은 환경오염을 방지하고 천연자원의 절약과 폐기물 처리비용을 절감시켜 준다. 또한 폐기물 처리과정에서 발생 가능한 2차 환경오염을 예방할 수 있다.

8.5 폐기물의 처리기술 및 최종처분

1) 중간처리기술의 종류

폐기물의 중간처리는 최종처리 효율을 높이기 위한 방안이며, 폐기물량과 유해성분을 최소화하여 안정화하는 과정이다. 또한 발생원으로부터 수집 및 수거 · 운반된 폐기물을 집하장에 수집하는 것이 중간처리장이며, 여기서 선별하여 재활용품으로 분리하고, 잔류폐기물 중 가연성과 불연성에 따라 소각하거나, 매립으로 최종처분장으로 운반된다. 중간처리 방법에는 압축 · 파쇄, 퇴비화, 소각, 에너지 회수를 위한 가스화나 연료화 처리방식이 있다.

(1) 압축(Compression) 의 효과

① 압축 시 밀도를 증가시켜 운반효율이 증가된다.

② 폐기물의 압축으로 인하여 저장 및 운송비용이 절감된다.

(2) 파쇄의(Shredding) 효과

전처리과정의 일부이며, 폐기물 처리과정 전에 시행할 경우 전체적인 폐기물의 균질화로 인하여, 소각, 퇴비화, 매립 등에서 처리시간의 단축과 효율적인 처리 결과를 나타낸다.

* 파쇄의 단점

① 소음(Noise)

② 진동(Vibration)

③ 먼지(Dust)

④ 폭발성(Explosion) 등의 위험

(3) 소각(Incineration)처리

소각처리는 가연성 폐기물을 태우는 방법 중 하나로 산소를 공급하여 연소시킴으로써 폐기물을 연소 가스와 안정화된 고형 연소재로 변환시키는 것이다.

소각은 특히 폐기물의 부피를 95% 이상, 무게는 80% 이상 감량할 수 있고 유해물질을 사전에 제거할 수 있으며 소각시설 설치면적을 작게 차지할 뿐 아니라, 소각 시 발생되는 열에너지를 지역난방 등에 이용할 수 있는 장점들이 있다. 그러나 분진이나 다이옥신과 같은 2차 오염물질이 발생할 우려가 있다. 소각 방식에는 스토커식, 유동상식, 회전로식, 액상소각 등이 있으나, 실제로 적용하는 기술은 스토커식과 유동상식이 높은 편이다.

① **스토커식(Stoker) 소각로** : 내열성 합금으로 제조된 화격자를 겹쳐 만든 화부를 스토커라고 부르며, 이 스토커 상에 폐기물을 놓고 아래쪽에서 연소공기를

불어넣어 태우는 방식이다. 로의 중심부에 폐기물을 놓고 1단계 건조스토커, 2단계 연소스토커, 미소각 잔사물을 재연소하는 후연소스토커의 3단계로 구성되어 있다.

건조에서 연소까지 약 2시간이 소요되며, 실제 각 지자체에서 설치이용 실적이 많은 기술이며, 대형화가 가능한 장점을 가지고 있다.

② **유동상식**(Fluidized bed) **소각로** : 다수의 공기분사 노즐로 구성된 화상위에 모래를 충진하고 노즐로부터 공기를 압송하여 모래를 움직이는 유동층을 형성한 후, 모래를 약 600~700℃ 정도로 가열한 상태에서 폐기물을 투입시켜 순간적으로 건조 후 소각하는 방식이다.

유동상소각로는 열용량이 커서 운전중단 상황에서도 대처가 가능하며, 단시간 정지하여도 약간의 잔열로 재가동이 가능한 장점이 있다. 주로 균질한 성상이나, 미세한 입자로 구성된 하수슬러지류 또는 산업폐기물, SRF(Solid Refuse Fuel : 고형폐기물연료) 소각에 사용된다.

(4) 열분해(Pyrolysis)기술

무산소 상태나 소량 존재 시 열을 가하여 유기물질을 Gas, Oil, Tar/Char로 분해하는 공정으로 500~900℃ 저온열분해를 Pyrolysis(열분해)라고 하며 1,100~1,500℃의 고온열분해를 가스화(Gasification)라고 한다.

열분해 방식은 일체형 가스화 용융방식과 분리형 용융방식 2가지로 분류된다.

① **일체형 가스화 용융방식** : 로의 상부에 폐기물과 코크스 및 석회석을 부재료로 함께 투입하여 용융로에서 가스화하는 방식이며, 불연분은 1,700~1,800℃의 고온에서 용융한다.

② **분리형 가스화 용융방식**

- **킬른드럼방식** : 450℃ 무산소드럼에서 간접가열하여 파쇄한 폐기물을 열분해함
- **유동층방식** : 파쇄된 폐기물을 유동층가스화기 500~600℃에서 가스화함
- **가스회수방식** : 열분해가스 일부를 연소하여 고온화하고 가스에 포함된 고분자

물질을 CO와 H를 주성분으로 하는 가스로 개질화한 가스를 정제하여 발전용 연료 등으로 사용함

(5) 퇴비화(Composting)

퇴비화는 유기성 오염물질을 미생물의 분해로 인하여 유기질 비료로 안정화 즉, 발효한 것을 재활용하는 중간처리 방법 중의 하나이다.

- 음식물 쓰레기와 농촌 폐기물(왕겨, 톱밥, 짚)을 혼합하여 발효처리하면 효율적이다.
- 유기성 폐기물 발생이 많은 지역에서 적용할 수 있는 중간처리 방식이다.
- 퇴비화 공정에서는 미생물의 성장 활동이 유지되도록 발효조의 조건이 충족되어야 하며 공정에 영향을 미치는 주요 인자는 온도, pH, 산소공급, C/N비, 유해물질 제거 등이다.
- 퇴비화 발효공정에 이용되는 미생물은 호기성(aerobes)과 혐기성미생물(anaerobes) 중 어떤 미생물을 이용할 것인지에 따라 발효공정이 달라진다. 퇴비화 기간은 공정에 따라 다르며, 야적 퇴비화, 고속 퇴비화, 준고속 퇴비화로 구분된다.

(6) 가스화(Bio gas)

바이오가스(동・식물체 등 유기성 생물체를 총칭)[6]는 직접 이용하거나 또는 화학적, 물리적 변환과정을 통해 액체, 고체연료가스, 전기 등 열에너지로 이용하는 것을 말한다.

〈현재 주로 이용되는 바이오매스 종류〉

① 곡물과 감자류를 포함한 전분질계의 자원

② 톱밥, 볏짚, 왕겨, 목초 등과 같은 폐농산물을 포함한 셀룰로오스계의 자원

③ 사탕수수, 사탕무우와 같은 당질계의 자원

④ 가축 분뇨 및 사체와 미생물의 균체를 포함하는 다양한 성상의 단백질계의 자원

6) Biomass : 식물과 미생물의 광합성은 태양에너지로 생성되며, 생성된 식물과 균류를 먹이로 살아가는 동물류를 포함한 생물유기체

⑤ 위와 같은 자원에서 파생되는 폐찌꺼기, 음식찌꺼기, 하수슬러지 등의 유기성 폐기물

이러한 바이오매스를 이용한 에너지의 생산은 환경오염 및 온실가스 저감 효과와 함께 천연화합물, 화학원료, 연료, 전력 등 다양하게 사용할 수 있는 장점이 있다.

(7) SRF(Solid Refuse Fuel)고형폐기물 연료화

폐기물에서 연소되지 않는 무기물과 발열량이 낮은 유기물을 제거한 후에 잔류물질을 균질화하여 그 상태로 직접 이용하거나 펠렛화하여 이용하는 폐기물 고형연료화 방법을 SRF(고형연료화)라 한다.

- **탄화** : 산소가 없거나 저산소 조건에서 SRF를 350~900℃로 가열하면 가스나 타르가 발생하고 미연소 카본(Char)이 남는다. 이 Char는 숯과 같은 역할을 하는 고형연료에 해당되며 탄화물이라 한다. 상품화를 위한 시범과 연구가 지속되고 있다.

a) SRF 펠렛

b) Biogas Process

〈그림 8-3〉 연료 및 바이오가스 공정

2) 최종처분(Landfill)

(1) 매립방식에 따른 분류

폐기물의 최종처분은 감량화, 안정화, 무해화하는 것을 목적으로 하여 매립(Landfill)을 한다. 매립은 폐기물을 최종적으로 처리하여 자연으로 환원하는 것이다. 소각이나 퇴비화와 같은 중간처리 과정에서 나오는 잔재물도 결국 매립과정을 거쳐야 한다. 최종처분장에서는 안정화를 목적으로 소각하여 중간처리하며 최종적으로 매립(Landfill)한다.

매립의 종류는 단순매립, 위생매립, 안전매립, 준호기성매립으로 나눌 수 있다.

① **단순매립**(Open dump) : 구덩이나 야적지에 폐기물을 투기하는 비위생적 매립 형태이다. 우리나라도 1991년까지 전국의 생활쓰레기를 단순매립하다가 같은 해에 수도권 쓰레기 매립지를 준공하면서 위생매립을 시작하였다.

② **위생매립**(Sanitary Landfill) : 선진국에서 처리하는 일반적인 방식이며, 국내에서는 쓰레기 종량제 실시 이후 압축, 파쇄, 소각이나, 퇴비화 등의 중간처리 과정을 거친 후 최종적으로 감량된 잔류폐기물을 매립하고 있다.

③ **안전매립**(Secure Landfill) : 유해폐기물을 밀폐형 용기나 시설에서 고화 처리하여 자연계에 유출되지 않도록 차단하는 방식이다. 처리비용은 다소 높으나 안전성은 확실하다.

④ **준호기성매립**(Fukuoka Method) : 쓰레기를 매립한 후 발생하는 침출수(Leachate)는 배수관으로 집수시켜 처리하고 쓰레기 발효열은 자연으로 대류시켜 공기를 주입하는 매립방법이다.

(2) 복토

조성된 매립장에 쓰레기를 매립한 후 흙으로 덮어주는 작업이다. 매립지에서의 복토는 악취나 해충, 설치류의 번식 방지와 먼지 휘산 및 우수침투 방지를 위한 위생적인 매립에 사용한다. 복토에는 1일 복토, 중간복토, 최종복토 과정이 있다. 매일 매립작업 후에 시행하는 1일 복토는 흙 두께를 15cm 이상, 매립종료 후의 최종복토는 통상 30cm 이상 흙으로 덮고 로드롤러로 다져준다. 복토재로는 자연토사와 인공

복토재를 함께 사용하기도 한다.

〈그림 8-4〉 위생매립지의 복토작업

(3) 매립지 관리방식에 따른 분류

① 차단형 : 중금속과 유해화학물질 등의 기준을 초과한 지정폐기물을 공공수역이나 육상에 유출되지 않도록 시멘트, 콘크리트 등의 재료를 이용하여 영구적인 차단이 되도록 관리해야 한다.

② 관리형 : 환경항목의 오염물질과 저농도의 유해물질을 발생시키는 대부분의 폐기물을 안정화하는 것이 목표이며, 매립 후 시간이 경과함에 따라 분해되는 중금속 물질이나, BOD, COD, 질소, 산, 알카리를 함유한 침출수가 발생하므로 HDPE를 이용한 차수공 등의 시설을 관리하고 수질 시험 및 모니터링을 하며 관리한다.

(4) 매립가스의 자원화

대부분의 생활폐기물의 주성분은 유기성 오염물질이 많아서 매립 후 혐기성 분해에 의한 가스가 발생하며, 메탄(CH_4)가스 성분 55%, CO_2가 45% 정도 발생한다. 메탄가스는 포집하여 전기 등 신재생에너지(Renewable energy)자원으로 활용하면, 화석연료 대체효과, 온실가스감축 및 기후변화방지 탄소배출권확보, 매립장 주변지역 악취발생 저감 등 다양한 환경성, 효율성, 경제성 있는 사업이 된다.

① LFG(Landfill Gas)의 **주성분** : 메탄(CH_4), 이산화탄소(CO_2), 질소(N_2), 산소(O_2), 암모니아(NH_3), 일산화탄소(CO), 황화수소(H_2S), 메틸 멜캅탄(CH_3SH) 등

② LFG **발전** : 메탄(CH_4)가스 성분만 포집하여, 가스발전기 연료로 사용하여 전기를 생산한다. 반드시 악취처리 대책을 동반 수립해야 가능한 사업이다.

(5) 매립지 사용종료 및 잔여용량

① **매립지 잔여 용량** : 처음에 계획 조성된 매립지의 매립 가능한 용량을 의미하나, 향후 몇 년간 매립지 사용이 가능한지를 나타내는 것이다. 현재 서울 및 수도권 매립지는 서울 25개 자치구청과 경기, 인천 58개 시, 군, 구에 있으며 이용 중인 총면적은 1,979만 m^2이다. 당초 매립 계획기간은 1992~2016년이었으나 쓰레기종량제 실시, 소각처리, 3R(Reduction, Reuse, Resource) 등의 Recycling정책 확대로 인하여, 최종처분 대상 폐기물량이 감소하여 2044년까지 연장하여 사용가능하게 되었다.

② **매립지 사용종료 후 활용도** : 환경영향평가를 거친 후 사용이 종료된 매립장은 복토를 거쳐 다짐이 완료된 후 충분한 조사와 지역주민과의 협의를 통하여 시민공원, 운동장, 식물을 식재한 자연공원, 골프장, 체육시설 등으로 이용하고 있다.

chapter

09

지구환경의 기후변화

chapter 09 지구환경의 기후변화

9.1 지구환경 문제

1) 지구환경 문제

지구환경은 인간생활 및 생산활동에 필요한 재료를 취하면서 발생하는 폐기물과 오염물질을 함께 받아들이는 역할을 하게 되었다. 인간의 두뇌발달과 함께 생산활동 증가로 인한 배출 오염물질량은 폭증하였고 난분해성 물질로 인한 지구환경에는 다양한 악영향이 나타나기 시작하였다. 즉 지구온난화, 오존층의 파괴, 열대우림의 감소, 산성비와 사막화, 유해폐기물의 처리문제, 해양오염, 개발도상국들의 난개발로 인한 환경오염문제 등을 들 수 있다.

(1) 지구온난화와 온실효과(Global Warming & Greenhouse Effect)

지구온난화 문제는 로마클럽에서 1972년 발표한 「성장의 한계」 보고서에서 제기되기 시작하였다. 1980년대부터 이상기후로 인한 각종 자연재해가 지구촌 각지에서 빈발하여 기후변화의 영향에 대한 치열한 논쟁이 벌어지면서 세계적인 이슈가 되었으며 1988년 UNEP(유엔환경계획)와 WMO(세계기상기구)가 IPCC(기후변화에 대한 정부간 협의체)를 설립하여 세계 각국에 기후와 관련된 자료와 정보를 제공하고 있다.

현대 산업화 시대에 지구 온도가 상승하여 발생하는 온실효과의 주요 메커니즘은 자연적 온실효과의 범위를 넘어 지구 주위의 대기권을 둘러싸고 있는 온실가스가 적외선 복사열을 우주상으로 배출되어야 하나 대기로의 방출을 차단함으로써 지구

기온의 상승을 초래하는 것이며, 이렇게 지구 온도를 따뜻하게 하는 현상을 온실효과(Greenhouse Effect)라고 한다. 이 역할을 하는 기체들을 온실가스라 하며, 이산화탄소(CO_2), 메탄(CH_4), 아산화질소(N_2O), 프레온가스(CFCs), 오존(O_3) 등이다. 온실가스의 메카니즘은 그림과 같으며, 온실가스가 없다면 지구 표면온도는 현재보다 약 30℃ 이상 떨어질 것이다.

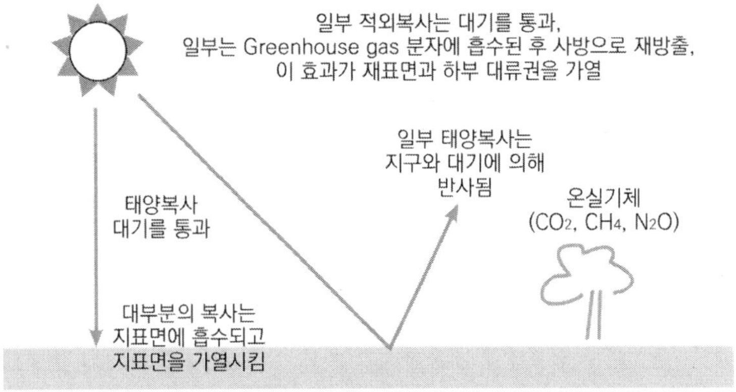

〈그림 9-1〉 온실효과의 발생과정

산업혁명 이전에는 온실효과와 지구온난화에 있어서 대기 중 CO_2의 농도가 280ppm 정도로 지속적인 안정을 보였으나 2013년 미국 해양대기청(NOAA)은 대기 중 CO_2의 농도가 400ppm 이상이라고 발표하였다. NOAA가 1958년부터 대기 중 CO_2의 농도를 관측한 이후 최고치이며, 이런 추세로 간다면 21세기 후반에는 540~970 ppm 까지 관측될 것으로 추산하고 있다.

이러한 지구의 기온상승과 기후변화의 원인에 대해서는 자연적인 요인 즉, 태양의 활동변화와 화산활동 등이 하나의 요인으로 보고되고 있으나, 현재 진행되고 있는 지구온난화의 가장 큰 원인은 세계적인 산업발달에 따라 다량으로 배출되는 CO_2로 인한 온실효과 등 많은 인위적인 요인들에 의한 것으로 보고되고 있다.

(2) **해수면 상승**(Sea level rise)

지구온난화가 진행되면 빙하가 해빙되어 해수면이 상승하고 따라서 섬나라 및 저지대 육상면적을 가진 나라는 점차적으로 수몰하는 현상을 맞이하게 된다. 기후변화에 대한 정부 간 패널 IPCC(Intergovernmental Panel on Clinate Change)보고서에 따르면 지구표면의 평균 온도는 21세기 말까지 1.4~5.8℃ 정도 상승할 것으로 예상하였다. 따라서 현재까지 수몰위기에 처한 나라는 투발루, 키리바시공화국 등이며, 향후 수몰될 위기에 처한 나라들의 심각한 문제로 제기되고 있다. 그 외 온난화에 따른 문제점들은 다음과 같다.

- 강우·강수 패턴의 변화에 따른 다발적인 자연재해(불특정 나라, 불특정 지역에서 발생하는 쓰나미, 해일, 태풍, 홍수 및 가뭄, 폭염, 혹한 등)
- 세계 곡창지대의 환경재해로 인한 식량생산량의 저감
- 곤충 및 동·식물을 매개체로 한 감염유행지역의 확산

9.2 기후변화의 영향(The Effect of Climate Change)

기후변화란 자연적 요인과 인위적 요인에 의하여 현재 우리가 겪고 있는 기후계가 변화하는 현상을 말한다.

- **자연적 요인** : 지구의 대기·육상·해양·빙하 및 생물권 자체의 생화학적 변화요인과 화산 분화에 의한 오존층의 에어로졸 증가, 태양활동의 변화, 태양과 지구의 천문적 상대위치 등의 외부요인이 있다.
- **인위적 요인** : 화석연료 사용 후 배출되는 온실가스로 인한 지구온난화, 인위적인 에어로졸 배출에 의한 태양복사 또는 구름의 광화학적 반응에 의한 변화, 산란으로 인한 차단효과(Blocking Effect)에 의한 지구 냉각화, 과도한 토지개발이나 벌목과 토지피복의 변화로 나타나는 기온변화 등이 있다. 그 외 나라

별 국지적으로 발생되는 인공 눈 및 열 등도 도시기후의 변화에 영향을 미친다. 기후변화의 대표적인 현상은 지구온난화(Global warming)이며, 온실가스에 의해 지구의 평균기온이 상승하는 현상을 의미한다. 즉 지구를 따듯하게 만들어주는 온실가스가 화석연료 사용이 급격히 증가되면서 원래의 상태보다 점점 더워지는 현상을 지구온난화라 한다.

1) 기후변화 관측현황

- **IPCC 제5차 평가보고서**[1] : 지구 평균기온은 1850년~1950(100년)보다 지난 35년(1982~2017년)간 가장 높았고, 21세기의 2001~2010년은 더 높았던 것으로 관측되어 지구온난화가 지속중인 것을 확인하였다.
- **지구온난화로 인한 해수면 상승** : 지난 137년간(1880~2017년) 지구의 평균기온이 0.85℃(0.65~1.06℃) 이상 상승함에 따라 지구의 평균 해수면 상승은 지난 116년간(1901~2017년) 19cm(17~21cm) 이상 상승하였으며 연평균 해수면 상승률은 약 1.7mm/년이었다.
- **극지방 면적 감소** : 극지방의 경우 지난 39년간(1979~2017년) 남극지방의 해빙은 1.2~1.8%이상 증가하여 북극지방의 면적이 10년간 3.5~4.1% 감소한 것으로 나타났다.
- 한반도의 경우 약 110년간(1912~2018년) 6개 관측지점[2]의 평균 기온 상승률은 1.8~1.9℃로(0.18℃/10년) 지구 평균 기온 상승률보다 높게 나타났다. 특히 지난 30년간(1987~2017년) 기온상승 속도는 계속 증가하여 1.2℃(세계평균 0.41℃/10년) 이상 증가하고 있다. 해수온도의 변화도 지구 평균에 비해 큰 것으로 나타나고 있다.

1) 2013년 9월 보고서
2) 서울, 부산, 인천, 대구, 강릉, 목포

[표 9-1] 우리나라 3 해역의 해수면 상승률 및 해수온도 변화

구분	남해안	동해안	서해안	평균
해수면 상승률 (1989~2017)	3.09 mm/year	3.70 mm/year	1.44 mm/year	2.89 mm/year
해수온도 (2003~2017)	0.02℃	0.07℃	0.07℃	0.05℃

2) 기후변화의 영향

(1) 기후변화로 인한 기상이변

① 지구온난화에 따른 급격한 기후변화로 인하여 지구촌 곳곳에서 쓰나미, 태풍을 동반한 집중호우 및 홍수와 가뭄, 한파와 폭설, 폭염 등 이상기후가 빈번하고, 더 강력하게 발생하면서 인명 피해와 사회·경제적, 환경적인 피해가 심각한 상황으로 발생하고 있다.

② 2017년 지구 평균기온은 평년(1961~1990년 평균 13.9℃)에 비해 0.57℃ 이상 증가하고 있다. 2017년 북극해 빙하 면적은 역대 최소 면적을 기록하였으며, 이는 기존에 최소치를 기록했던 2007년의 면적보다 18% 이상 작은 면적이다.[3]

③ 기상관측 시 발생한 세계 각국의 이상기후

- 일본의 경우 최악의 폭염(7월) 발생, 2011년 동일본 대지진과 쓰나미
- 중국은 60년 만의 겨울 가뭄, 2017년 6월 29일 남부의 폭우로 인한 사망 및 실종 78명 이재민 1100만여 명 발생, 2017년 7월 폭우로 인한 53명 사망 및 실종(2018년 7월에 폭염)
- 미국은 최악의 한파(1월) 등을 기록
- 유엔은 재난구호 조정청[4]에 의하면 국제적 재난의 절반이상이 기후로 인한 재난이었으며 홍수로 인해 아프리카 지역 400,000명의 인구가 터전을 잃고 폭풍발생횟수를 증가시켰다고 보고하였다.

3) 2018.1. 2017년 관계부처 합동 이상기후 보고서 자료

4) 유엔 재난구호 조정청(UN office for the coordination of Humanitarian Affairs)

④ 한국의 기후변화 영향

- 1978~2017년(39년간) 제주항 해수면의 연평균 상승률은 5.97mm/년으로 전지구 평균의 약 3.5배에 달하였으며[5], 이같은 해수면의 상승은 저지대 육상지구의 홍수 시 침수 및 범람과 습지이동, 해안침식, 담수층으로의 해수 침투, 연안의 퇴적유형 변화 등을 초래하고 있으며, 점점 규모가 커질 수도 있다.
- 연근해 지역의 어획 어종도 명태와 같은 한류성 어종에서 오징어, 고등어 등 난류성으로 변화되었다. 명태의 경우 어획량이 1980년 10만 톤에서 2000년도에는 1천 톤 수준으로 급감하였으며 지금은 잡히지도 않는 등 어획자원이 빈곤해지고 있다.

2012년의 경우에도 2월 북반구 지역에서 기록적인 한파가 발생하였고 봄과 여름에는 이상고온 현상과 극심한 가뭄이 발생하여 세계 곡물 가격이 상승하기도 하였다. 기후변화로 인한 "기후 양극화 현상"도 두드러져 중국 윈난성에서는 60년 만의 가뭄이, 브라질 북동부에서는 30년 만의 가뭄이 발생하는 등 건조한 지역의 강수량은 더 감소하였고, 방글라데시, 필리핀, 중국 남부지역 등 강수량이 많은 지역은 큰 홍수가 발생하였다.

5) 국립해양 연구원 조사자료 2017.4

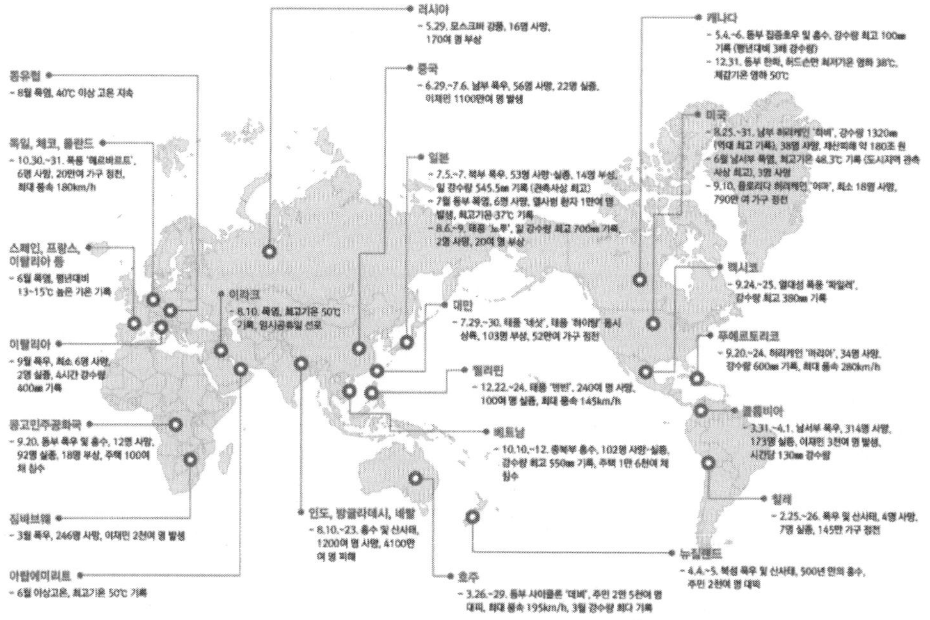

〈그림 9-2〉 세계 이상기후 발생현황(2017년)
(자료 : 관계부처 합동, 2017년까지 자료 2018년 이상기후 보고서)

(2) 기후변화와 열섬효과(Climate change & Heat island effect)

- **도시 기후변화 현상** : 도시 중심부의 건축물의 냉난방과 공장이 집중화된 공단에서, 도로포장과 급증한 차량 등에 의하여 지역적으로 나타나는 기후현상을 말한다. 도시지역은 건물이 고층화되고 도로표면 대부분은 콘크리트와 아스팔트로 포장되어 있으며, 고밀도 고층건물에서 발생하는 열과 각종 대기오염물질이 좁은 지역으로 방출된다.
- **열섬효과** : 고밀도 고층건물에서 발생하는 열과 고밀도 아파트, 각 공장 및 교통과 증가된 차량 등에서 발생하는 각종 대기오염물질이 좁은 지역에 방출되어 확산이나 희석되지 못하고 도시 기후에 직·간접적인 영향을 준다. 즉 주변지역보다 기온이 높고 구름, 안개, 강수량이 많아지는 반면 습도, 일사량, 풍속은 감소되는 특색을 보이는 지역의 겨울에는 기온 역전층이 형성되어 오염물질이 고농도로 대기에 정체하여 스모그(Smog)층을 형성하기도 하며, 특히 도심지

의 기온이 높아지는 현상을 열섬(heat island) 현상이라고 한다.

(3) 지구온난화에 따른 현상

과거에는 2년에서 7년 주기로 지구의 태평양상에 위치한 적도해류와 기압의 진동으로 발생한 비정상적인 지구온난화에 의하여 가뭄 또는 사막화와 바닷물이 따뜻해지는 현상이 나타났다. 최근에는 지구온난화로 대기에 엄청난 에너지와 수증기가 공급되어 전체 지구상의 바람과 강수량을 변화시키는 기능을 엘니뇨(Elninyo : 아기예수)현상이 자주 나타나고 있다. 평상시의 태평양에서는 무역풍이 따뜻한 물을 서쪽으로 흘러가게 하고 반면 차가운 물은 남아메리카 해안을 따라 상승한다.

① **엘니뇨 현상** : 평상시보다 약한 무역풍이 불거나, 바람이 없어 동태평양의 따뜻한 바닷물이 서태평양 쪽으로 흐르지 않아 페루 등 동태평양 지역 온도가 상승하여 고온・다습해지고, 반대로 인도네시아 등 서태평양은 건조하여 산불이 자주 발생한다. 엘니뇨 현상으로 북태평양에 장대비가 쏟아져 대홍수를 이루고 바닷물 속의 염분 농도가 낮아져 해수 흐름이 정지하여 해양의 막대한 경제적인 피해를 야기시키고 있다.

② **라니냐 현상** : 북대서양에 대홍수가 발생하면 태평양 적도에서는 대기권이 교란되어 폭설과 강추위가 몰아닥쳐 극심한 고통을 받게 된다. 이러한 기상이변을 라니냐(Lanina : 여자아기) 현상이라고 한다. 라니냐 현상은 평상시의 무역풍이 강하게 불어 동태평양의 따뜻한 바닷물을 서태평양 쪽으로 흘러가게 하여 인도네시아 등 동남아지역은 고온다습하게 되어 홍수가 자주 발생하고, 반대로 동태평양의 페루 등의 지역에는 온도가 낮은 심층 해수가 용승함으로써 날씨가 서늘하고 건조해지는 현상이다.

9.3 온실가스의 종류 및 배출 현황

1) 온실가스의 특징

온실가스[6]는 화석연료를 사용할 경우 발생하는 CO_2(이산화탄소), CH_4(메탄), N_2O(아산화질소)가 주를 이루고 있다. 예전에 자동차와 에어컨의 냉매로 사용하였던 CFCs와 최근 들어 반도체 등 첨단산업의 발달에 따라 생산 공정에서의 사용량이 증가하고 있는 육불화황(SF_6), 수소불화탄소(HFCs), 과불화탄소(PFCs)는 자연계에는 존재하지 않는 인류가 개발하여 합성한 온실가스이다. 따라서 주요 온실가스 6종이 지구온난화에 미치는 영향은 각각 다르며, [표 9-2]는 CO_2를 기준으로 한 가스 종류별 지구온난화에 미치는 영향 정도를 지구온난화 계수로 표기하였으며 온실가스 배출량은 CO_2의 온실효과를 1로 한 계수를 기준으로 한 총배출량으로 산정한다.

[표 9-2] 주요 온실가스의 특성

온실가스	성 질	지구온난화 계수	주요 배출원
CO_2 (이산화탄소)	대표적인 온실가스	1	화석연료 연소
CH_4 (메탄)	천연가스의 주성분으로 상온에서 기체이며 연소가 잘됨	21	농축산업, 폐기물
N_2O (아산화질소)	수개의 질소산화물 중 가장 안정된 물질. 유해성은 없음	310	연료 연소(자동차), 산업체, 농축산, 폐기물
HFCs (수소불화탄소)	염소가 없고, 오존층을 파괴하지 않는 프론가스	1,300~11,700	에어컨, 냉장고의 냉매
PFCs (과불화탄소)	수소가 없고, 탄소·불소로만 구성된 프론가스	6,500~9,200	반도체 세정
SF_6 (육불화황)	유황·불소로만 구성된 프론과 같은 종류의 강력한 온실가스	23,900	전기의 절연체(충전기기), 전자제품 세정

6) 교토의정서에서 정의한 6개 온실가스, [표 9-2]와 같다.

2) 온실가스의 종류

(1) CO_2(이산화탄소)

대기 중에 존재하는 온실가스 중 온실효과에 기여하는 비율이 가장 높다. 20세기 중반 이후 매년 1.5 ppm씩(0.4%) 농도가 증가해 21세기 현재는 약 400 ppm 이상을 나타내고 있다. 이는 산업화 이전 시대의 농도와 비교하면 25~30% 증가한 수치이다. 주로 화석연료 사용의 폭증으로 과도하게 배출된 양 중 약 48%가 대기 중에 축적되고 있다. 이러한 추세로 지속적으로 배출할 경우 CO_2의 농도는 2050년에는 415~480ppm, 2100년에는 460~560ppm 정도가 될 것으로 추산된다. 미국 환경청(EPA)에 따르면 CO_2의 발생량은 2020년에는 2000년에 비해 2배 수준으로 증가되고 2050년에는 3배, 2100년에는 5배 정도 증가될 것으로 예측하고 있다.

(2) CH_4(메탄)

천연가스의 주성분이며, 공기가 없는 상태에서 미생물의 혐기성 발효과정에서 발생하는 메탄가스는 온실가스의 일종으로 알려지고 있다. 21세기 현재 메탄가스의 농도는 지난 100년간에 걸쳐 거의 두 배 정도 증가한 농도로 약 1.72 ppm이나 그 농도가 매년 증가하고 있다. 메탄의 농도는 17세기경 인구가 급증하면서 높아지기 시작하였으며, 19세기까지는 동일한 농도로 비교적 안정된 상태를 유지하였으나, 20세기부터 폭발적으로 증가하여 온실효과에 기여하는 비율은 18%로 기타 온실가스에 비해 상당히 높은 비율을 차지하였다. 메탄가스의 발생은 주로 생물의 분해 작용에 의해 발생하며, 가축[7]과 논에서 35~40%(1.2~2.4억 톤), 매립지에서 10%(0.25~0.6억 톤), 생물체 소화에 의해 10~30%, 그 외 석탄광산과 천연가스 누출로 인해 15~20% 정도 발생한다.

---

7) 소 한마리가 1년간 하품과 방귀로 내뿜는 메탄가스량은 자동차 한 대가 1년간 배출하는 온실가스의 약 1/4에 해당되고, 2005년 국내 온실가스 배출량 중 반추가축의 장내 발효로 인한 배출량은 0.5%에 달한다(농업진흥청, 2009).

(3) N_2O(아산화질소)

온실효과를 일으키는 질소산화물의 일종이며, 화석연료의 연소, 벌목, 질소비료의 사용으로 지속적으로 증가하고 있다. 현재 대기 중의 N_2O농도는 0.2 ppm에 달하고 있으며, 이 농도가 현재보다 50% 증가하면 지구의 평균기온은 약 0.2~0.5℃ 상승할 것으로 예측되고 있다.

(4) 기타(HFCs, PFCs, SF_6)

불화탄소(HFCs), 과불화탄소(PFCs), 육불화황(SF_6)은 자연계에 존재하지 않는 인간이 개발하여 사용해 온 합성한 온실가스이다. [표 9-2]와 같이 CO_2를 기준으로 한 지구온난화 정도를 지구온난화 계수로 표시하였으며, 온실가스 배출량은 이 계수를 기준으로 CO_2에 상당하는 총 배출량으로 산정한다.

그 외 CFCs(염화불화탄소)는 염소, 불소, 탄소를 함유한 합성 화학물질로서 매우 안정된 화합물로 온실효과가 매우 크며, 1996년 몬트리올 의정서에서 중지협약을 하였다. 우리나라는 2010년에 완전히 사용 중지한 물질이다.

9.4 오존층 파괴 및 영향

1) 오존층

지구표면에서 대기까지의 두께는 약 1천 km 정도 상공에 이르며, 지구를 둘러싼 대기권의 높이에 따라 대류권(0~10 km), 성층권(10~50 km), 중간권(50~80 km) 및 열권(80 km 이상) 등 4개 층으로 나눈다. 위층으로 갈수록 산소농도가 희박해진다. 특히 대기 중 오존의 농도는 약 0.02 ppm에 불과하여 비율로 보면 기체분자 5천만 개 중 1개인 셈이다.

대류권은 고도에 따라 기온이 하강하지만 성층권은 고도에 따라 기온이 상승한다. 따라서 대류권은 불안정한 대류현상이 나타나지만 성층권은 안정되어 대기 중에 포함되어 있는 오존의 총량을 지상 기압으로 압축시키면 두께 약 0.3cm 정도에 해당한다. 전체 오존량 중 10%만이 대류권에 존재하며, 나머지 90%가 성층권 25km부근 지점에 밀집되어 있다. 이 층을 오존층(Ozone layer)이라 한다.

(1) 오존의 특성

① 오존은 산소 3개 원자로 이루어진 분자 구조 O_3로 표기한다.

② 오존은 자극성의 냄새를 가지며 푸른빛을 띤다.

③ 강력한 산화 작용을 띠는 산화제로서 인체에 독성을 미친다. 이런 성질을 이용하여 오존을 공기나 물의 소독제로 이용한다.

④ 오존층의 오존(O_3)은 산소분자(O_2)가 태양으로부터 방출되는 강력한 자외선을 받아 2개의 산소원자(O)로 분해되어 발생된 산소원자가 다시 산소분자(O_2)와 결합하여 생성된다.

이런 과정으로 생성된 오존은 다른 분자들과 화학적 반응을 거듭하면서 끊임없이 생성되며 간단한 화학식은 다음과 같다.

$O_3 \rightarrow O_2 + O$(자외선 파장 240~290 nm)

$O_2 + O + M \rightarrow O_3 + M$(M : 질소 분자나 다른 산소 분자)

$O_2 \rightarrow O + O$(자외선 파장 240 nm 이하)

(2) 오존층의 기능

① 태양에서 나오는 유해 자외선을 성층권에서 흡수하여 지구상의 생물 및 동물을 보호하는 필터기능을 갖고 있다(대류권에서는 대기오염물질이다).

② 오존층은 파장이 290nm 이하인 강한 자외선의 약 97~99%를 흡수하며, 이렇게 흡수된 에너지 때문에 더운 공기가 대류권 아래로 잘 내려오지 않고 따뜻한

기류를 형성한다.

③ 오존의 생성률은 태양의 복사량에 따라 달라지므로 계절과 위도에 따라 오존층의 두께는 달라진다. 따라서 극지방보다는 적도지방의 오존층이 두꺼우며 겨울철보다는 여름철이 더 두껍다.

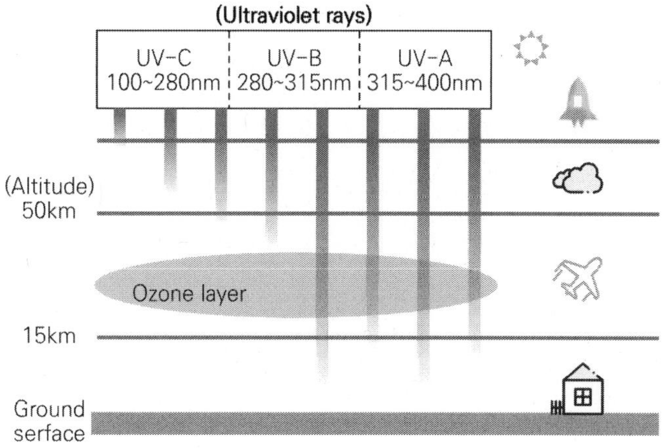

〈그림 9-3〉 오존층의 역할

2) 오존층(Ozone Layer) 파괴 및 영향

(1) 오존층 파괴의 실상

오존층 지상관측은 1950년대부터 시작되었으며 다양한 관측을 통해 1970년대에 이미 전 세계적으로 오존층이 감소하고 있음을 밝혀냈다. 1979년~1994년(15년) 사이에 지구의 남반구와 북반구의 중위도 지방(30~60°)에서의 오존이 매 10년마다 평균 4~5% 정도 감소하여 오존홀로 나타났다. 또한 1980년대에는 1970년대보다 오존홀이 더 빠르게 커졌다. 계절적으로는 여름과 가을보다 겨울과 봄에 오존 수치 감소율이 두 배나 증가했다. 오존층 파괴는 고도에 따라 다르게 나타났다. 1979~1991년(12년간) 동안 오존층 파괴가 35~45km 상공 및 적도 상공을 포함하여 매 10년당 5~10%의 파괴율을 나타냈다. 일부 연구에 따르면 중위도에서 오존이 매 10년당 20%씩 감소되는 것으로 관측되었다.

(2) 오존층 파괴원인

① 지상에서 방출된 CFCs(프레온 가스) 등이 성층권(오존층 40km) 상부에서 태양광 자외선에 의해 분해되어 염소원자로 변한다. 염소원자가 촉매가 되어 성층권에서 오존을 연쇄적으로 파괴한다. 염소원자는 성층권 하부로도 이동하지만 하부에서는 HCl(염화수소), $ClONO_2$(질산염소)형태의 안정한 화합물로 변하게 된다.

② 극지방에서의 파괴현상 메커니즘은 겨울철 성층권에서 형성된 소용돌이에 의한 방사 냉각으로 인하여 극지방 상공 주위의 공기 교환이 제한되고 성층권 대기는 온도가 하강하여 주위로부터 고립되어 미세한 성층운(PSCs : Polar Stratosphere Clouds)을 형성한다. 성층운의 성분에 있는 HCl(염화수소), $ClONO_2$(질산염소)에서 Cl_2 염소분자가 겨울에 축적되었다가 봄에 태양빛과 광화학 반응하여 해리된 활성염소원자가 촉매가 되어 오존층을 파괴한다. 오존층 파괴물질은 아래와 같다.

- CFCs(프레온)가스 : 화장품 등 스프레이 제품의 가스, 냉장고나 에어컨의 냉매, 소화제, 쿠션, 발포제, 전자부품·정밀기계의 세정제 생활용품이나 산업용품으로 많이 사용되어 왔으나 염소, 불소, 탄소를 함유한 합성 화학물질의 화합물로 온실효과가 매우 컸으며, 세계적으로는 1996년 몬트리올 의정서에서 사용중지 협약을 하였다. 우리나라는 2010년에 완전히 사용 중지한 물질이다.
- 프레온가스 외 오존층 파괴물질 : 할론가스도 프레온가스와 유사한 성질을 갖고 있는 규제대상 물질의 하나이다. 단, 프레온가스 주성분인 염소 대신 브롬이 함유되어 있다. 브롬은 염소보다도 오존층을 파괴하는 능력이 더 크다. 할론가스는 불연성이어서 소화기용 소화제로서 많이 이용되었다.

이 외에 오존층 파괴를 야기하는 물질로서, 사염화탄소(CCl_4), 메틸클로로포름(CH_3CCl_3), 삼염화에틸렌(C_2HCl_3), 사염화에틸렌($Cl_2C=CCl_2$) 등이 있다.

(3) 오존층 파괴영향

사람에게 가장 큰 영향을 주는 자외선은 주로 UV-B(햇볕)이다. 실제로 태양으로부터 지구 대기 상부에 도달하는 UV-B 양은 전체 태양 복사에너지에 비해 매우 적으나 UV-B가 생태계나 대기오염물질의 생성·소멸에 미치는 영향은 매우 크다.

① UV-B의 증가는 인체의 피부와 눈에 해로우며 또한 면역체와 비타민 D의 합성에 악영향을 미쳐 피부암 발생을 증가시킨다.

② 식물과 플랑크톤의 광합성 활동을 파괴하여 식물 및 생물의 먹이원을 감소시킨다.

③ 일반적으로 성층권의 오존농도가 1% 감소하면 UV-B의 양은 2% 증가하여 피부암의 발생률은 약 4%, 백내장은 0.6% 증가하여 시력을 잃는 사람이 매년 10만 명 이상에 달하는 것으로 추정된다. 또한 과도한 자외선 노출은 인체의 면역기능을 저하시켜 폐결핵 등 전염병의 예방을 어렵게 한다.

④ 그 외 UV-B의 증가는 식물의 엽록소를 파괴하여 농작물의 생산량을 감소시키고, 해양플랑크톤의 번식을 저해하여 먹이연쇄로 인한 해양생태계에도 악영향을 미친다.

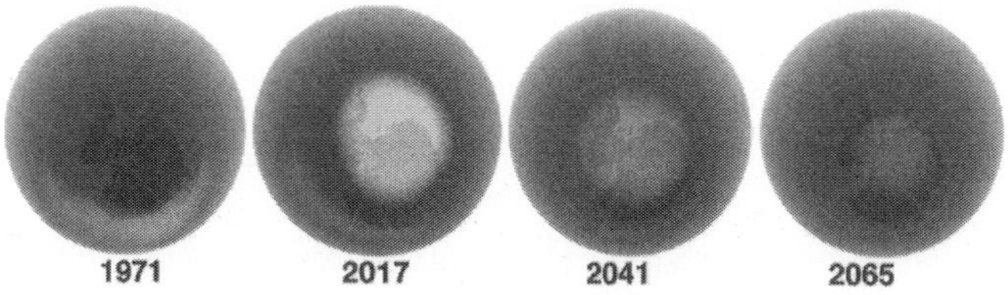

〈그림 9-4〉 남극의 오존파괴현상

9.5 기후변화와 국제협약

1) 국제협약

(1) 비엔나 협약

오존층 파괴 문제에 대한 국제적인 논의가 시작된 것은 1977년 5월 「오존층에 관한 세계 행동계획(World Plan of Action on the Ozone Layer)」이 채택되고 유엔환경계획(UNEP) 주도하에 UNEP와 세계기상기구(WMO)가 공동으로 「오존층에 관한 조정위원회」를 구성하면서 본격화되었다. 이후 1985년 3월 오스트리아 비엔나에서 개최된 UNEP 이사회에서 「오존층 보호에 관한 비엔나 협약(Vienna Convention on the Protection of the Ozone Layer)」이 채택되었다. 그러나 이 협약은 선언적 의미의 오존층 보호를 언급만 하였을 뿐 특정 물질에 대한 구체적인 감축 내용 및 조항을 규정하지 않았다.

(2) 몬트리올 의정서

몬트리올 의정서는 1985년 캐나다 몬트리올에서 냉장고, 에어컨 냉매로 사용하던 오존층 파괴물질인 CFCs 4종과 화재용 소화제인 할론가스(Hallon gas) 3종의 소비량을 단계적으로 감축하기로 규정한 것이다. 의정서의 정식명칭은 「오존층 파괴물질에 관한 몬트리올 의정서(Montreal Protocol on Substances that Deplete the Ozone Layer)」이다. 의정서는 국가별로 1986년 사용량과 생산량을 기준으로 하여 규제물질의 단계별 감축일정을 제시하고 있다. 유럽공동체(EU)는 오존층 파괴물질의 수입·수출에 따른 사용자 지침(Guideline)을 정하였으며, 우리나라는 1992년 협약에 가입하였고 1차 규제물질(56종)은 2010년에 전면 사용 금지한 물질이며, 2차 규제 물질인 염화불화탄화수소(HCFC) 40종은 2030년까지 전면금지할 예정이다.

(3) **교토 의정서**(Kyoto Protocol)

기후변화협약은 온실가스의 배출을 감시하고 협약 자체로써 온실기체 배출의 실질적인 감축량과 감축 시한을 정하지 않고 있어 실효성에 한계가 있었다. 이에 따라 1997년 12월 일본의 교토에서 개최된 제3차 기후변화협약 당사국 총회[8)]에서 선진국들의 구체적인 온실가스 감축일정과 내용을 규정한 교토의정서가 채택되었다.

교토의정서는 55개국이 비준한 후, 전체 부속서 I국가 중에서 1990년 CO_2배출량의 55%에 상당하는 국가들이 비준해야 발효되는 조건이었으며, 2005년에서야 발효되었다.

① **감축의무 온실가스의 종류** : 이산화탄소(CO_2), 매탄(CH_4), 아산화질소(N_2O), 프레온가스(HFC), 과불화탄소(PFCs), 육플루오린화황(SF_6)

② **교토 메커니즘** : 온실가스 의무감축국에 대한 의무이행기간 중에 각각 할당된 한도 내로 온실가스를 배출하도록 강제하였으며, 감축의무 이행 방법은 자국의 배출량 조절과 다른 국가에서 수행한 감축활동 결과로 발생하는 감축량을 구입하여 자국의 배출허용량의 일부로 할 수 있게 하였으며 유연성 있는 다음 세 가지 형태의 이행체제를 허용하고 있다.

- **배출권 거래제**(Emission Trading, ET) : 의무국이 할당받은 배출허용량 이상을 배출하면, 배출허용량 이하로 배출한 다른 의무국으로부터 잉여배출권을 구입하여 자국의 감축의무이행 실적으로 사용 가능하도록 한 것
- **공동이행제도**(Joint Implementation, JI) : 감축의무국들이 공동으로 프로젝트를 수행하여 발생하는 감축량에 대한 공유를 인정하는 것
- **청정개발체제**(Clean Development Mechanism, CDM) : 의무국이 비의무국에서 프로젝트를 수행하여 발생하는 감축량을 의무국의 이행실적으로 사용하게 하는 것

8) 일본은 지구환경문제 협상에 주도적인 참여로 선진국으로써의 위상을 확립하고자 교토에 총회를 유치하여 의정서 체결에 적극 지지하였으며, 당시 산업계의 반발에도 불구하고 국제사회에서의 일본의 위상제고를 위하여 추진함.

(4) 바젤 협약

1960~1970년대에 경제적인 이유로 선진국에서 발생한 다량의 유해폐기물이 개발도상국으로 이동하여 부적절하게 처리되었으므로 환경오염이 국제적인 문제로 대두되었다. 이러한 유해폐기물의 국가 간 이동에 따른 환경문제 해결을 위하여 1989년 3월 바젤 협약을 채택하였고 1992년 5월 발효되었다.

협약의 정식 명칭은 「유해폐기물의 국가 간 이동 및 그 처리의 통제에 관한 바젤 협약」[9]이다. 협약에서는 규제 대상 폐기물을 정하고 수출입 절차와 조건을 규정하고 있다. 규제 대상인 '유해폐기물'의 범위는 부속서에서 정하고 있으며 국가 간 이동 통제 대상 폐기물은 유해폐기물(Hazardous Wastes)과 기타폐기물로 구분된다.

(5) 생물다양성 협약(Convention on Biological Diversity)

1970년대부터 국제사회에서는 생물종 보호의 중요성을 인식하고 멸종위기에 처한 야생동·식물 보호를 위해 다양한 노력을 기울여 왔으나 1980년대 이후 지속적인 경제개발로 인해 전국의 산림이 훼손되고 도시화가 확대되어 생물종의 멸종 속도는 더욱 가속화 되었다. 이에 따라 유엔환경계획(UNEP)의 주도하에 생물다양성 보전에 관한 국제 규범인 「생물다양성 협약」이 1992년 리우회의에서 채택되었다.

주요내용 : 「생물다양성 협약」은 생물다양성의 보전과 지속 가능한 이용 그리고 생물유전자원과 관련된 이익의 공정한 공유를 다음과 같은 목적으로 한다.

① 각국의 생물자원에 대한 주도적 권리 인정
② 생물종의 파괴행위에 대한 규제
③ 생물다양성의 보전과 합리적 이용을 위한 국가전략의 수립
④ 생물다양성 보전을 고려한 환경영향평가
⑤ 유전자원 제공국과 생명공학 선진국과의 공정한 이익배분
⑥ 유전적으로 변형된 생물체(LMOs : living modified organisms)의 안전관리

9) 1989.3월 스위스 바젤에서 협약 채택 1992년 5월 발효, 한국은 1994년 2월에 가입하여 5월에 발효하였다. Basel Convention on the Control of Transboundary Movements of Hazardous Wastes and their Disposal

(6) 바이오안전성 의정서

1990년대 중반부터 콩, 옥수수 등 유전자 변형작물이 본격적으로 상업화된 이후 인체나 환경에 미칠 수 있는 위해성에 대한 우려가 국제사회에서 본격적으로 제기되었다. 바이오안정성 의정서는 2000년 1월 29일 캐나다 몬트리올에서 개최된 특별당사국총회에서 유전자변형 생물체(LMO, Living Modified Organisms)가 국가간 이동할 때 생길 수 있는 위해를 사전에 방지하기 위해 생물다양성협약(Convention on Biological Diversity)의 부속의정서로 채택되었다. 정식 명칭은 「바이오안전성에 대한 카르타헤나 의정서」[10]이다. 〈그림 9-5〉는 국내외 식용하고 있는 LMO식품 종류이다.

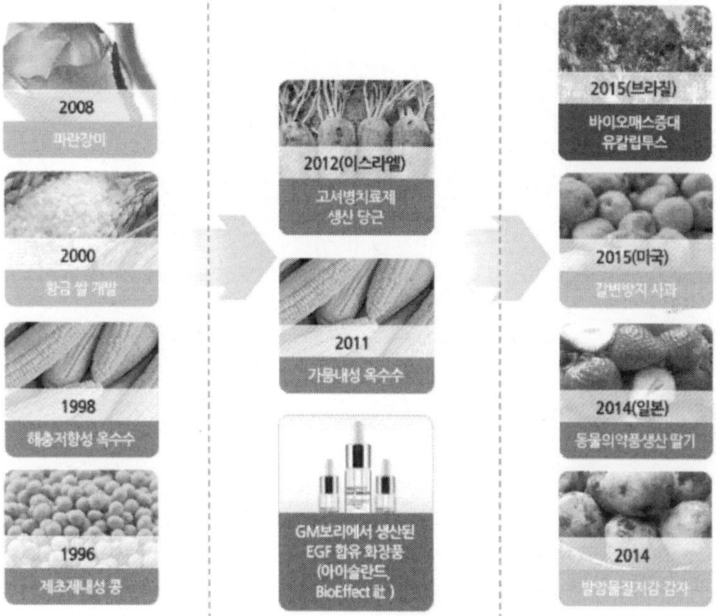

〈그림 9-5〉 국내외 식용 중인 농작물의 종류

10) 1999년 2월 콜롬비아 카르타헤나에서 개최된 제6차 의정서 작성을 위한 실무그룹회의에서 대부분의 합의를 이끌어내 의정서 명칭에 붙였다

• **우리나라의 대응현황** : 2007년 10월 의정서에 비준하였고 따라서 「유전자변형 생물체의 국가 간 이동에 대한 법률」을 제정하여 2008년 1월부터 시행하였다. 이 법에 의해 바이오안전성에 관한 정보를 전문적으로 취급하는 "바이오안전성 정보센터"가 한국생명공학연구원에 설치되어, 수입되는 LMO 물질에 대한 전문기관별 위해성 평가체계를 구축하였다.

(7) 멸종위기 야생동식물의 국제거래에 관한 협약(CITES)

1963년 세계자연보전연맹(IUCN)총회에서 멸종위기에 처한 야생동식물의 보호를 위한 국제거래를 규제하는 국제협약의 체결을 결의하고 그 대상 야생동식물의 목록을 작성하였다. 이후 1973년 3월 워싱턴에서 「CITES협약」[11)]이 채택되어 1975년 7월부터 정식 발효되었다.

〈그림 9-6〉 멸종위기 야생동물

11) Convention on International Trade in Endangered Species of Wild Fauna and Flora

- 우리나라는 CITES 협약에 1993년 7월 가입하여 현재 국내법적 조치로 「야생생물 기타 지구환경문제와 국제환경협약 보호 및 관리에 관한 법률」에 관련 규정을 반영하여 협약을 이행하고 있다.

(8) 습지 보전을 위한 람사르 협약

물새의 서식처인 습지를 보호하기 위하여 1971년 이란의 람사르(Ramsar)에서 협약을 채택하였다. 정식 명칭은 「물새 서식처로서 국제적으로 중요한 습지에 관한 협약」[12]이다.

협약에서는 습지가 수계시스템(Water Regime)의 조절자로서 동・식물 특히 물새를 보호하는 서식처로서의 생태학적 기능이 중요함을 강조하고 있다. 또한 경제적, 문화적, 과학적, 휴양적 가치를 지니고 있으며 훼손될 경우 회복이 불가능하다는 것을 명시하였다.

- 우리나라는 1997년 3월 협약에 가입하였으며 자연생태계보호지역으로 지정・관리 중인 강원도 인제군 소재 '대암산 용늪'을 람사르습지로 등록하였다. 1998년 3월에는 경남 창녕의 '우포늪'을, 2005년에는 전남 신안군 '장도'와 '순천만 갯벌'을 등록하는 등 2018년 현재 총 22개의 습지목록을 등재하여 관리하고 있다.
- 2008년 10월 우리나라 경남 창원시에서 제10차 람사르 협약 당사국 총회를 개최하였다. "건강한 습지, 건강한 인간(Healthy Wetlands, Healthy People)"을 주제로 세계 140여 개국의 대표단이 참석하여 총회에서 「인류복지와 습지에 관한 창원선언문」과 「습지시스템으로서의 습지의 생물다양성 증진에 관한 결의문」 등 습지보호에 관한 결의문이 채택되었다.

12) Convention on Wetlands of International Importance Especially Waterfowl Habitat

〈그림 9-7〉 국내 람사르 습지 등록된 습지(우포늪, 제주 숨은물뱅듸)

(9) 스톡홀름 협약

잔류성 유기오염물질(POPs)은 분해가 잘 되지 않아 생태계에 장기간 잔류하면서 심각한 환경 오염을 유발시킨다. 국제사회는 이러한 문제를 해결하기 위하여 1990년대 중반부터 생산·사용을 규제하기 위한 국제협상을 진행한 결과 2001년 5월 스톡홀름에서 「잔류성 유기오염물질 관리에 관한 스톡홀름 협약」[13]이 정식으로 채택되어 2004년 5월 발효되었다.

- 협약 대상 잔류성 유기오염물질은 다이옥신(Dioxin), 폴리염화비페닐(PCBs) 등 23개 물질이다. 협약 채택 당시 12종에서 2009년에 전기·전자 산업에서 주로 사용되는 과불화합물(PFCs)과 브롬화난연제(BFR) 등 9종, 2011년 농약류인 엔도설판(Endosulfan), 2013년에는 건축자재로 사용되는 헥사브로모사이클로도데칸(GBCD)이 추가되었다.
- 우리나라는 2001년 4월 스톡홀름 협약에 서명하고, 2002년 8월에 비준하였다. 협약의 국내 이행을 위해 「잔류성 유기오염물질관리법」을 제정하여 시행 중에 있다.

(10) 로테르담 협약

협약의 정식 명칭은 「특정 유해화학물질 및 농약의 국제교역에 있어서 사전통보승인에 관한 로테르담 협약」[14]이다. 협약에서 엄격히 금지 또는 제한되는 화학물질과 위험한 농약제재를 규정하고 있다. 사전 통보 승인(PIC) 대상물질 목록은 부속서 III에 농약 30종, 산업용 화학물질 11종 등 41종을 명시하였으며, 향정신성 약물, 방사성물질, 폐기물, 화학무기, 의약품, 식품첨가물, 식품 연구용 화학물질과 같은 소량 수입 물질은 적용범위에서 제외하였다.

- 우리나라는 2003년 8월 협약에 가입하여 2004년 2월 발효하였다. 협약 이행을 위한 취급제한·금지 물질의 수출승인과 관련한 사항은 「유해화학물질관리법」에 반영하여 시행 중에 있다. 취급 금지물질은 58종, 취급 제한물질은 5종이다.

13) Stockholm Convention on Persistent Organic Pollutants(POPs)

14) Rotterdam Convention on the Prior Informed Consent Procedure for Certain Hazardous Chemicals and Pesticides in International Trade

chapter

10

생활환경과 실내공기오염

chapter 10 생활환경과 실내공기오염

10.1 석면 및 유해물질 관리

1) 석면과 위해성

석면은 자연에서 생산되는 섬유상 형태를 가진 '규산염 광물류'이다. 성분에 따라 황석면, 백석면, 청석면 등으로 구분되며, 이 중 백석면이 95% 이상을 차지하고 있다.

그리스어로 "불멸의 물질"이라는 의미를 갖고 있으며 최근 국내에서 석면으로 인한 건강피해 문제가 커지고 있다. 특히 석면이 인체에 미치는 건강상 위해성은 치명적이며, 청석면, 황석면, 백석면 순으로 위해성이 매우 크다. 우리나라에서 석면은 1960~1970년대에 주로 석면슬레이트 지붕, 칸막이, 천장재, 단열재 및 흡음판, 석면 시멘트판, 직물(방화용 피폭재), 가스켓(단열재), 마찰재의 전기절연재 등의 건축자재로 다양한 분야와 자동차의 브레이크 라이닝(마찰재)으로 사용되어 왔다.

(1) 석면의 위해성과 피해사례

석면의 직경은 일반적으로 1~5μm로서 머리카락의 5천만분의 1 정도이며, 사용 후 10~40년이 지나면서 피해가 발생한다. 사람에게는 호흡으로 인체에 흡입되어 잠복기를 거쳐 악성 중피종이나 폐암, 석면폐증 등 악성질병을 유발하는 것으로 밝혀졌다. 세계보건기구에 따르면 세계적으로 1억 2천만 명이 석면에 노출되어 있으며 연간 9만여 명이 석면에 기인한 질병으로 사망하는 것으로 추정하고 있다.

(2) 미국의 독성물질 · 질환등록청[1]에서 제시한 석면이 인체에 미치는 영향

① 석면의 종류에 상관없이 일단 노출되면 폐암, 중피종 등에 영향을 줄 수 있다.

② 석면의 노출농도, 기간, 빈도 및 크기가 독성에 영향을 미친다.

③ 청석면, 트레몰라이트 석면, 액티노라이트 석면 같은 각섬석 계통은 백석면보다 더 오랫동안 기관지 하부에 잔류하게 된다.

④ 폐섬유화는 콜라겐의 침착, 폐조직 경화, 가스교환능력 상실, 괴사 등과 관련이 있다.

⑤ 폐암과 석면폐는 초기 노출 후 15년 이상의 잠복기를 가진다.

⑥ 석면 노출 후 중피종의 진단은 대개 30년 이후에 나타난다.

⑦ 석면광산 인근 지역 주민들과 석면취급 근로자의 가족들은 직업적 노출 없이도 중피종이 발생될 수 있다. 일본의 경우 2006년까지 중피종으로 1,050명이 사망하였으며, 1990년대까지만 해도 10명 내외였던 수치가 2000년부터 크게 상승하였다.

(3) 우리나라의 연구 사례

우리나라의 연구 사례는 대전시에서 2010년에 실시한 '폐쇄된 석면공장, 광산 인근 주민 건강영향조사' 결과 과거 석면제품 생산공장의 1km 이내에 10년 이상 거주한 사람 중에 총 17명의 의심 질환자가 나타났다.

최근 석면에 대한 사회적 관심이 매우 증가하고 있고, 선진국에서 이미 석면사용으로 인한 건강피해가 확인되었으며, 국내에서도 여러 피해사례[2]가 확인되었다.

2) 국내석면관리제도

- 우리나라의 석면 노출기준은 직업적 노출의 경우 0.1개/mL, 일반 환경에서는

1) ATSDR(Agency for Toxic Substances and Disease Registry)

2) 부산 인근의 석면 사용공장 주변에서 악성중피종 발병률이 타 지역보다 높게 조사되었고 충남 지역의 석면광산 인근 주민의 경우 석면폐와 같은 질환이 발병된 것으로 보고되었다.

0.01개/mL로 규정하며 선진국 및 미국 기준과 비슷한 수준이다.

- 2008년까지 사용된 석면의 총량은 약 200만 톤으로 추정되고 2009년 1월 1일부터 전면 사용중지되었다. 주 용도는 건축자재(82%), 자동차부품(11%), 섬유제품(5%), 기타(2%)의 순으로 조사되었다. 생활주변에서는 농어촌 슬레이트 지붕재의 부식·풍화에 의한 공기 중의 석면비산 가능성이 크다.
- 석면이 함유된 탈크가 섞인 베이비파우더에서의 석면 검출 등이 문제가 되어 석면을 「유해화학물질관리법」에 따라 '취급제한·금지물질'로 지정하여 '수입·사용 등 금지', '건축물 해체 작업에 따른 작업장 석면관리' 등의 조치를 취하고 있다.
- 석면 발생원을 안전하게 관리하기 위해 2011년 「석면안전관리법」을 제정하였다.

[표 10-1] 국내 석면관리 정책 및 내용

세부 중점대책	주요 내용
석면의 원천적 차단	• 석면함유제품 제조·수입·유통 관리 강화 • 의약품·화장품용 탈크 석면기준 마련 및 검사 강화 • 공업용 탈크 석면기준 마련 및 수입·제조 관리
건축물 전생애 석면 안전관리체계 구축	• 학교,군부대시설,공공건물,다중이용시설 실태조사 • 정기 조사·평가 관리기준 마련 및 시설별 석면관리 매뉴얼 보급 • 석면지도 DB화 및 건축물 석면정보 통합관리시스템 구축 • 건축물 철거 시 석면 확인 및 비산 방지 • 농어촌 슬레이트 철거·처리 지원방안 강구
석면 광산 및 자연발생 석면 관리	• 석면 광산 환경조사 및 위해성 평가 • 석면 광산 및 주변 지역 광해방지사업 • 자연발생 석면(NOA)지역 조사 및 피해 예방체계 구축
석면 건강피해 관리 및 구제	• 석면 광산·공장 등 석면피해 우려지역 건강영향조사 확대 • 석면질환 판정지침서 개발 등 석면질환 감시체계 구축 • 석면 건강피해 구제방안 마련

10.2 실내공기오염

1) 실내공기오염의 원인과 영향

바쁜 현대인들은 실내에서 활동하는 시간이 많아지고 유해물질을 포함한 각종 건축자재 및 기기들의 사용량이 증가하고 있어 실내공기오염 물질에 쉽게 노출된다. 실내공기 오염은 지속적으로 배출되는 오염물질이 밀폐된 공간에서 저농도로 배출되어 점점 고농도로 축적되므로 건강에 심각한 피해를 줄 수 있다.

(1) 실내 공기질에 영향을 미치는 요소

① **화학적 요소** : 온도, 습도나 풍속과 같은 물리적 요소와 미세 먼지, 일산화탄소, 이산화탄소, 질소산화물 등이 있다.

② **생물적 요소** : 세균, 곰팡이, 집먼지 진드기, 바이러스, 해충과 미생물 등이 있다.

(2) 실내공기오염 물질의 발생원

접착제, 합성수지 등을 포함한 건축자재 및 마감재, 냉난방 장치, 사무기기 등 다양하며, 특히 생활용품에 화학물질 사용이 증가하고 있어 실내공기오염도 높아짐에 따라 건강에 심각한 피해를 줄 수 있다.

(3) 실내공기오염의 위해성

실내공기오염은 인체건강에 직접적인 영향을 미치며, WHO는 대기오염으로 인한 사망자 수가 연간 최대 600만 명에 달하며, 이 중 실내공기오염에 의한 사망자 수는 280만 명으로 추산하였다. 따라서 실내공기 오염도를 20% 이상 줄이면 급성 기관지 질환에 의한 사망률이 4~8% 줄어든다는 연구결과가 있다.

- 인간의 1일 물질 섭취량 중 공기가 79%를 차지하며, 공기 중에서도 실내공기가 80~90%를 차지한다. 실내오염 물질이 실외오염 물질보다 인체의 폐에 흡입될

확률은 1천 배 높아 건강에 미치는 영향이 매우 크다고 WHO는 보고하였다.

- EPA 또한 알레르겐(Allergens), 집먼지 진드기(Dust Mites), 동물털(Animal Dander), 바퀴벌레, 곰팡이(Fungus), 꽃가루(Pollen) 등과 자극제(Irritants) 간접흡연(Second hand Smoke), 연소산화물(NO_2) 등이 실내 환경에서 천식을 유발하는 주 요인이라고 밝혔다.
- 예로 지하상가에는 이용객들의 외부 활동에 의한 각종 공사현장의 분진이나 자동차 매연으로 오염된 외부 공기의 유입과 건물 외벽의 습기, 환기설비의 먼지, 부적절한 공기정화 등에 의해 오염이 이미 되었거나 되기가 쉽다.
- 다중이용시설 등에서 특히 문제가 되는 실내오염 물질은 미세먼지, 외부의 자동차 매연과 호흡작용으로 인한 질소산화물(NOx), 일산화탄소(CO), 이산화탄소(CO_2) 등이 있다.

[표 10-2] 다중이용시설의 실내공기질 관리기준

<table>
<tr><th rowspan="2">대상시설</th><th colspan="5">실내공기질 유지기준</th></tr>
<tr><th>PM10 (㎍/㎥)</th><th>이산화탄소 (ppm)</th><th>폼알데하이드 (㎍/㎥)</th><th>총부유세균 (CFU/㎥)</th><th>CO (ppm)</th></tr>
<tr><td>지하역사, 지하도상가, 철도역사의 대합실, 여객자동차터미널의 대합실, 항만시설 중 대합실, 공항시설 중 여객터미널, 도서관・박물관 및 미술관, 대규모 점포, 장례식장, 영화상영관, 학원, 전시시설, 인터넷 컴퓨터게임시설을 제공하는 업의 영업시설, 목욕장업의 영업시설</td><td>150 이하</td><td rowspan="3">1,000 이하</td><td rowspan="3">100 이하</td><td>-</td><td rowspan="2">10 이하</td></tr>
<tr><td>의료기관, 산후조리원, 노인요양시설, 어린이집</td><td>100 이하</td><td>800 이하</td></tr>
<tr><td>실내주차장</td><td>200 이하</td><td>-</td><td>25 이하</td></tr>
<tr><td>실내 체육시설, 실내 공연장, 업무시설, 둘 이상의 용도에 사용되는 건축물</td><td>200 이하</td><td>-</td><td>-</td><td>-</td><td>-</td></tr>
</table>

<table>
<tr><th rowspan="2">대상시설</th><th colspan="5">실내공기질 권고기준</th></tr>
<tr><th>NO_2
(ppm)</th><th>라돈
(Bq/㎥)</th><th>총휘발성유기화합물
(㎍/㎥)</th><th>$PM_{2.5}$
(㎍/㎥)</th><th>곰팡이
(CFU/㎥)</th></tr>
<tr><td>지하역사, 지하도상가, 철도역사의 대합실, 여객자동차터미널의 대합실, 항만시설 중 대합실, 공항시설 중 여객터미널, 도서관·박물관 및 미술관, 대규모 점포, 장례식장, 영화상영관, 학원, 전시시설, 인터넷컴퓨터게임시설제공업의 영업시설, 목욕장업의 영업시설</td><td rowspan="2">0.05
이하</td><td rowspan="3">148
이하</td><td>500
이하</td><td>-</td><td>-</td></tr>
<tr><td>의료기관, 산후조리원, 노인요양시설, 어린이집</td><td>400
이하</td><td>70
이하</td><td>500
이하</td></tr>
<tr><td>실내주차장</td><td>0.3
이하</td><td>1,000
이하</td><td>-</td><td>-</td></tr>
</table>

2) 새집 증후군

새집 증후군(SHS, Sick House Syndrome)은 새로 지었거나 리모델링한 기존의 주택에서 발생되는 포름알데하이드, 휘발성유기화합물(VOCs), 입자상물질과 같은 유해물질 등이 새집 입주자의 건강에 이상 증세를 유발하는 것을 말한다. 일본에서 먼저 사용한 용어로 새집 및 건물뿐 아니라 오래된 건물이나 사무실과 같이 닫혀있는 공간이나 건물에서도 실내공기오염에 의한 이상 증상이 발생하므로 포괄적으로는 '병든 건물 증후군'(SBS, Sick Building Syndrome)으로 칭하기도 한다.

(1) 원인 물질

실내공기오염원의 하나로서 주택 등 건물의 건축 및 가구 제조 시에 사용되는 접착제와 도료 등에 포함된 포름알데하이드 등의 유기용제와 곤충과 흰개미 같은 생물들이 자체 보호 방부제(Preservative)로 발생하는 휘발성 유기 화합물(Volatile Organic Compounds, VOCs)이 목재에 일부 포함되어 있다는 보고도 있다. 또한 화학물질뿐만 아니라 곰팡이나 미생물도 공기오염의 원인이 될 수 있다.

[표 10-3] 건축자재에서 방출되는 실내공기오염물질 배출기준

구분 \ 오염물질 종류	폼알데하이드		톨루엔	총휘발성유기화합물 (TVOC)
	2016년까지	2017년부터		
접착제	0.05 이하	0.02 이하	0.08 이하	2.0 이하
페인트				2.5 이하
실란트				1.5 이하
퍼티				20.0 이하
벽지				4.0 이하
바닥재				4.0 이하

(2) 대책

원인물질을 줄이기 위하여 충분한 환기와 건축자재에 대한 기준강화가 필요하다. 최근에는 VOC 배출량이 낮은 건축자재 및 접착제 · 도료가 개발되어 판매되고 있다.

- 우리나라의 「다중이용시설의 실내공기질 관리법」에서는 건축자재에서 방출되는 포름알데하이드, 총 휘발성 유기화합물이 일정 농도 이상일 경우에 오염물질로 보고 있다.
- 환기시설 또는 공기정화시설 등을 반드시 설치하여 운전하는 것이 바람직하며, 최근에는 곰팡이나 미생물에 의해 공기오염의 원인이 되는 경우도 많아 사전에 발생 방지 및 제거 등이 필요하다.
- 또한, 일상생활에서 계절별로 사용되는 살충제나 화학적 방향제 같은 향료 등이 원인이 되는 경우도 있으므로 천연향 추출물이나 자연제품으로 교체할 필요가 있다.

[표 10-4] 분야별 실내공기질 관리기준

구분	환경부	보건복지부	교육부	고용노동부
미세먼지(μg/㎥)	150~200	100	100	150
일산화탄소(ppm)	10~25	10	10	10
이산화탄소(ppm)	1,000	1,000	1,000	1,000
포름알데히드(μg/㎥)	100	100	100	120
총부유세균(CFU/㎥)	800	800	800	800
이산화질소(ppm)	0.05~0.3	0.05	0.05	0.05
라돈(Bq/㎥)	148	148	148	-
휘발성유기화합물(μg/㎥)	400~1,000	400	400	-
석면(개/cc)	0.01	0.01	0.01	0.01
오존(ppm)	0.06~0.08	0.06	0.06	0.06
곰팡이(CFU/㎥)	500	-	-	-
진드기(마리/㎡)	-	-	100	-
낙하세균(CFU/실)	-	-	10	-

3) 새차 증후군

새 자동차에서 배출되는 휘발성 유해물질로 두통, 현기증을 유발하는 등 새롭게 부각되고 있는 실내공기오염 물질 중 하나이다. 신규 제작 자동차의 실내공기질 권고기준을 정하여 자동차 제작사 및 사용자가 실내공기질의 적정 여부를 판단할 수 있도록 하였다. 소비자에게 안전한 가이드라인을 제시하였으며 새차 실내공기질 위해성 평가와 자동차 특성을 반영한 7개 오염물질에 대한 권고기준은 [표 10-5]와 같으며, 2019년부터 신규유해물질 1종(아세트알데히드)이 추가되어 평가될 예정이다.

[표 10-5] 신차의 실내공기질 권고기준 (단위 : μg/m3)

폼알데하이드	벤젠	톨루엔	자일렌	에틸벤젠	스티렌	아크롤레인
210	30	1,000	870	1,000	220	50

출처 : [시행 2014.1.1.] [국토교통부고시 제2013-889호, 2013.12.24., 법 개정

신규 제작 자동차의 실내공기질에 대하여 세계적으로 관리를 의무화한 나라는 지금까지는 없지만, 국내의 경우 신축공동주택의 실내공기질도 권고기준으로 관리하고 있는 점을 감안하여 자동차 제작사에 가이드라인 권고기준을 제시하여 적극적인 이행을 유도하고 있는 것은 좋은 사례로 꼽을 수 있다.

4) 대중교통수단의 실내공기질 관리 가이드라인

환경부에서는 직행형, 고속형 시외버스, 열차, 도시철도 등을 대상으로 「대중교통수단 실내공기질 관리 가이드라인 기준」을 [표 10-6]과 같이 정하여 지자체와 대중교통사업자에게 자율 준수토록 권고하고 있다.

[표 10-6] 대중교통수단의 실내공기질 관리 가이드라인

오염물질	구분	평상시 기준	혼잡시 기준
이산화탄소(ppm)	도시철도	2,500 이하	3,500 이하
	열차, 버스	2,000 이하	3,000 이하
미세먼지(㎍/㎥)	도시철도	200 이하	250
	열차, 버스	150 이하	200

5) 실내공기질 개선대책

(1) 친환경 건축자재 사용

기존 주택의 리모델링 또는 주택 신축 시 가급적 친환경 인증을 받은 건축자재 사용 권장 및 적극 사용을 유도하여 아파트 건축 시 의무적으로 실내공기질 성능등급을 확인하게 한다.

(2) 환기

① **베이크아웃**(Bake-out) : 새로지은 건축물이나 개·보수 작업이 끝난 건물 등의 실내공기 온도를 높여 건축자재나 마감재료에서 발생하는 유해물질을 제거

하는 방법(유해물질인 휘발성 유기화합물과 포름알데하이드 등을 일시적으로 증가시킨 후 환기)

② **자연환기** : 새집이나 건물에 적어도 하루에 2~3회 이상 문과 창문을 열어 10분 이상 실내·외 공기를 교체하는 방법

③ **강제환기** : 더운 여름이나 아주 추운 겨울철에 냉·난방으로 자연환기가 곤란할 경우 설치된 환기시스템을 가동하여 환기하는 방법(환기장치 : 흡·배기팬, 흡배기 자동교환형 기계환기 시스템 등)

(3) 신축공동주택 공기질 관리

신축공동주택(아파트)의 시공자에게 실내공기질 측정 및 공고를 의무화하도록 하였고, 실내공기질 오염현황을 입주자들에게 알리고 친환경 건축자재를 사용하도록 규정을 강화하였다.

(4) 친환경건축물 인증제도

인간과 자연이 서로 조화롭게 공존할 수 있는 지속가능한 개발의 실현을 목표로 한 제도로서 개발이 계획된 건축물의 입지, 제재선정 및 시공, 유지관리, 폐기 등 건축의 전 생애주기평가(LCA)[3]를 통하여 건축물의 환경성능을 인증하는 제도를 말한다.

[표 10-7] 신축주택의 실내공기질 권고기준(2015~2016년) (단위 μg/m^3)

구분	폼알데하드	벤젠	톨루엔	에틸벤젠	자일렌	스티렌	라돈
기준	210 이하	30 이하	1,000 이하	360 이하	700 이하	300 이하	200 이하

3) LCA(Life Cycle Assessment) 전 생애주기평가

10.3 실내 라돈물질 관리 및 대책

1) 실내 라돈과 인체영향

라돈(Rn^{222})은 지각의 암석에 자연적으로 존재하는 우라늄(U^{238})이 몇 단계의 방사성붕괴 과정을 거쳐 생성되는 무색·무취·무미의 기체로, 지구상 어디나 존재하는 자연방사능 물질이다. 방사선은 암석에서 발생하는 지각방사선, 별에서 오는 우주방사선 등의 자연적인 방사선과 원자력 발전소나 항암치료, X-ray 촬영 시 발생하는 인위적인 방사선이 있다. 특히 라돈은 사람에게 노출되는 연간 방사선 양의 약 50%를 차지하며, 그 외 자연방사선이 35%, 의료방사선 14%, 직업상 피폭되는 방사선이 1%를 차지한다.

(1) 라돈의 유입경로

라돈은 실외공기 중에 미량 존재하므로 크게 문제되지는 않는다.

- 단, 실내에 존재하는 라돈의 80~90%는 토양이나 지반·지질의 암석에서 발생된 라돈기체가 건물 바닥이나 벽의 틈으로 유입된다.
- 그 외에 건축자재에 함유된 양이 2~5%, 지하수에 용해된 라돈이 1% 정도이다. 라돈의 인체노출량 중 약 95%는 실내에서 호흡할 때 공기로 흡입된다. 기타 라돈이 용해된 지하수를 음용할 때 흡입될 수 있다.

(2) 라돈의 인체영향

라돈은 호흡을 통해 인체로 흡입되며 라돈과 라돈분자는 붕괴 과정에서 알파(α)선을 방출한다. 방출된 알파선은 폐조직을 파괴하며 지속적으로 노출될 경우 폐암을 유발할 수 있다.[4] WHO는 라돈이 폐암 발병원인의 3~14%를 차지하여 흡연

---

4) 방사성물질 농도는 베크렐(Bq)이나 피코큐리(pCi)로 표시한다. 베크렐은 방사성물질 국제표준 단위이며, 1초에 방사선 1개가 핵에서 한번 방출되는 것, 즉 1초 동안 하나의 방사성 붕괴가 일어나는 양을 나타낸다. 공기 중의 라돈 농도는 Bq/m^3이나 pCi/L로 표시하며, 1 pCi/L는 37 Bq/m^3에 해당하는 농도이다

다음의 발병원으로 보고하였다. 일반적으로 동일 농도의 라돈에 흡연자와 비흡연자가 노출될 경우 흡연자의 폐암 발병률이 훨씬 높다. 미국에서는 연간 폐암 사망자의 10% 이상이 라돈에 의한 것으로 판단하였으며, EPA에 의하면 라돈에 의한 사망자수가 연간 7,000~30,000명에 달하며, 영국의 경우 라돈물질에 의한 폐암 발병건수는 연간 약 2,500건 이상으로 보고하고 있다.

(3) 국내 라돈의 실내농도

국립환경과학원이 2년(2015~2016년) 간 겨울철[5]에 조사한 전국 주택의 실내 라돈농도를 보면 신축공동주택 권고기준 200Bq/m^{3}을 기준으로 전체 조사대상 주택 9,553호 중 단독주택의 경우 699호가 10.7% 초과하였고, 연립/다세대주택이 2.5%, 아파트는 0.3%를 초과한 것으로 나타났다. 주택 유형별 실내 라돈 농도 조사자료는 [표 10-8]과 같다.

[표 10-8] 주택유형별 실내 라돈 현황(2015~2016)

구분	시료수(개)	초과율(%)	실내라돈농도 평균(Bq/m³) 기준 : 200Bq/m³ 이상
단독주택	6,509	10.7%	102.7
연립・다세대주택	1,431	2.5%	62.3
아파트(2013~2014)	1,613	0.3%	56.0
총계	9,553	13.5%	-

5) 과학원은 실내외 온도차가 크고 환기율이 낮은 겨울철에 실내 라돈농도가 다소 높기 때문에 겨울철에 집중적으로 조사했다.

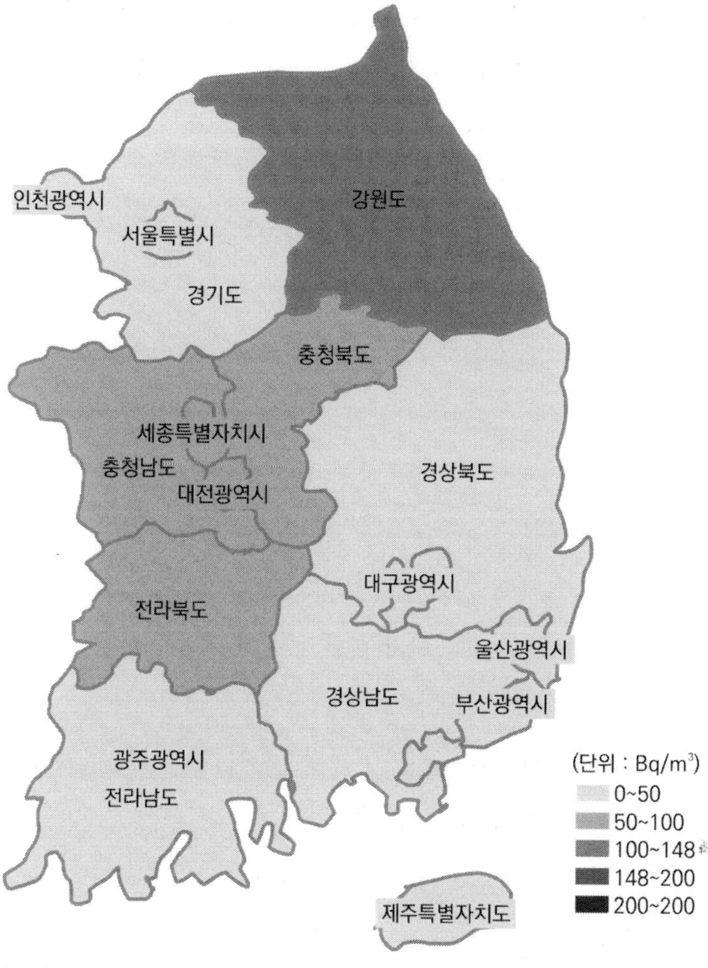

〈그림 10-1〉 전국 시 · 군 · 구별 분석한 실내라돈농도 평균지도(2015~2016년 동절기 기준)

17개 시 · 도별 주택 실내라돈농도는 강원도의 경우 평균은 149.7Bq/㎥으로 다른 지역에 비해 가장 높게 나타났으며, 전라북도 117.0Bq/㎥, 대전광역시 111.8Bq/㎥, 충청북도 110.6Bq/㎥ 순으로 평균농도가 나타났다.

참고로 실내라돈농도 수준을 「실내공기질 관리법」의 공동주택 실내라돈 권고기준인 200Bq/㎥과 비교 · 검토한 결과 조사대상 주택 중 강원도에서 20.9%와 세종특별자치시 14.7%, 전라북도 12.8%가 권고기준을 초과하는 것으로 조사되었다. 주택 실내라돈 농도를 전국 시 · 군 · 구 단위로 구분하여 분석한 결과는 〈그림 10-1〉과 같다. 반면에 국내 공공건물은 낮은 농도를 보였으며, 그 이유는 개별 주택과 비교하여 대부분 창문이 크고, 많은 사람들의 왕래가 있는 장소로서 상대적으로 환기율이 좋기 때문인 것으로 추정된다.

- 국내 라돈사건 사례로 유명 침대 제조업체 D사 매트리스에서 1급 방사성물질인 라돈이 대량 방출되어 충격을 주었으며, 건강에 도움이 된다는 음이온 발생을 위한 파우더를 주입하여 발생된 사건이다. 국내 주택 라돈 기준치가 200베크렐에 비하여 20배에 가까운 3,696베크렐이 검출되었다.

2) 국·내외 라돈 관리대책

(1) 국내 라돈 관리대책

2004년부터 2018년 현재까지의 라돈 관리대책 중 하나는「실내공기질관리법」,「학교보건법」을 근거로 지하역사·지하도상가 등 총 21개 다중이용시설군과 학교에 대한 실내라돈 권고기준(4pCi/L)을 설정하여 왔으며, 시설의 소유자는 주기적으로 실내공기질을 측정하여 권고기준에 적절한 시설을 관리하도록 하고 있다. 라돈은 실내 수치를 확인하는 것이 중요하며, 높은 수치가 확인되면 구멍·틈새를 막아 농도를 저감할 수 있으며, 환기를 자주하는 것이 대책 중의 하나이다. 아직 대책이 미흡한 실정이나 국내 침대 메트리스 사건 이후 전국적인 조사가 이루어지고 있으므로 실제적인 대책방안이 제시될 것으로 기대한다.

(2) 선진국의 라돈 관리대책

미국은 1990년대부터 라돈측정을 전국 가정에 권고하여 위험 정도와 대응 방법을 고지하고 측정치가 4pCi/L(148Bq/m^3) 이상일 때 건물보수가 필요한 조치기준으로 설정하였다. 스웨덴은 주거시설에 대한 라돈농도를 관리기준치 이하로 유지하도록 의무화하고 측정치가 고농도인 주택에서 저감시설을 설치할 경우 50%의 비용을 지원하고 있다. [표 10-9]는 국가별 주택 내 라돈농도 관리기준을 나타내었다.

[표 10-9] 국가별 주택 내 라돈농도 관리기준

국가	관리기준(Bq/㎥)	대상
한국	148	다중이용시설
	200	공동주택
미국	148	주택, 학교
독일	100	주택
영국	200	기존주택
	100	신축주택
스웨덴	200	기존주택, 신규주택
핀란드 체코	400	기존주택
	200	신규주택

10.4 전자파 관리 및 대책

1) 전자파 발생과 특성

(1) 전자파(Electromagnetic Wave, 전기자기파)[6]의 정의

시간에 따라 변화하는 전기장과 자기장의 상호작용으로 공간을 전파해 가는 일종의 에너지의 흐름이라고 할 수 있다. 따라서 전자파는 전기장과 자기장의 두 가지 성분으로 구성된 파동을 가리키며, 전기장 또는 자기장의 세기와 주파수[7]로 특성을 나타낼 수 있다.

전자파의 범위는 넓은 의미로는 주파수가 낮은 것부터 전파(극저주파, 저주파, 고주파, 초고주파), 적외선, 가시광선, 자외선, X선, γ선 등을 총칭하며, 여기서 전파는

6) 전자파 : 도선에 전류가 흐르면 자계가 발생하여 전계가 형성되어 시간에 따라 변하므로 전계를 중심으로 다시 자계가 재형성된다. 이렇게 전계와 자계가 반복하여 발생하는 과정으로 전자파는 공간으로 직진, 반사, 회절 등을 하면서 빛의 속도로 전파되어 나간다.

7) 주파수란 1초당 같은 변화를 반복하는 회수를 말하며 사이클(cycle)또는 헤르츠(Hz) 단위로 표시한다. 한 사이클이 변화하는데 걸리는 시간을 주기라 하고, 한 주기 동안 진행하는 거리를 한 파장이라고 한다.

주파수가 3,000 GHz 이하의 전자파를 말한다.

(2) 전자파의 문제

전기 · 전자기술의 큰 발전으로 현대인들의 생활여건과 작업환경이 크게 개선되고 급속히 확산된 각종 전기 · 전자기기에서 발생하는 전자파들이 인체에 심각한 영향을 미친다는 주장이 제기되면서 전자파에 대한 관심이 높아지게 되었다. 전자파가 미치는 영향은 크게 두 가지로 ① 주변 기기에 미치는 영향과 ② 인체에 미치는 영향으로 구분할 수 있다. 전자파가 공장 자동화시설, 항공기 내 기기, 병원 내 의료기기에 미치는 영향은 이미 실험을 통하여 입증되었고, 각 국가들은 국제기구에서 정하는 기준을 토대로 전자파 장해 및 전자파 내성을 규제하고 있다. 우리나라도 1990년대부터 전자파 내성에 관한 기준을 도입하여 전자파 적합 등록제도를 시행하고 있다.

2) 전자파의 발생원 및 영향

(1) 전자파 발생원

태양에서 우리의 눈으로 느끼는 가시광도 전자파의 작은 주파수 영역으로 비춰지고 있다. 따라서 지구도 전자파에 의해 온도가 유지되며, 지구상의 모든 생물은 직 · 간접적으로 전자파로부터 에너지를 받아 생명을 유지한다고 볼 수 있다.

- 전자파는 현대인들에게 휴대전화 및 무선인터넷과 같은 통신기기, 라디오, TV, DMB 등의 방송기기, 전자레인지, 컴퓨터 등 가전제품은 물론 센서용 RFID, 내비게이션 등의 다양한 생활필수품으로 사용되고 있다.
- 병원에서 사용하는 초음파 진단기, MRI, X선, 적외선 치료기와 같은 의료기기에도 많이 활용되고 있다.
- 전자파 발생량이 큰 전자레인지는 약 2,500MHz의 고에너지, 마이크로웨이브(극초단파)를 사용하며, 휴대폰은 800~900MHz의 마이크로웨이브로 사용되

고 있다. 그 외 수만 Hz의 전자파를 이용하는 전자조리기구와 텔레비전, 라디오 등과 전기제품의 대부분은 50~60Hz의 낮은 것이다.

- 더 큰 전자파 발생은 강한 전류가 흐르는 송전선 근처에서 발생하는 것으로 알려지고 있다.

(2) 전자파의 특성

① **비열적 효과** : 동물의 역학 조사와 실험결과로는 전자파가 생리적, 생화학적 영향을 미치고, 치명적인 질병에 걸릴 확률이 높다는 주장이 제기되고 있다. 즉, 면역체계의 이상, 생체 내 칼슘이온 농도의 증가로 인한 알츠하이머병의 발병률 증가, 혈당 및 혈중지질의 증가, 유전자 및 호르몬생성의 방해, 심장박동수 감소, 뇌파 이상 등의 발병 가능한 질환들이 거론되나 입증된 사례는 명확치 않은 실정이다.

② **열적 효과** : 전자레인지 내부에서 음식이 익혀지는 것처럼, 고주파수의 전자파 에너지가 생체의 온도를 상승시키는 작용으로 그 영향이 어느정도 인정되고 있다. 따라서 인체의 피해 가능성을 검증하기 위한 연구가 계속되고 있다.

③ **자극 효과** : 사람이 주파수가 낮고 강한 전자파에 노출되었을 때 인체에 유입된 전류가 신경이나 근육을 자극하는 것이며, X선과 감마선과 같은 방사선이 세포의 분자결합을 파괴하는 것과 같은 이론이다. 따라서 자극이 반복되면 DNA의 이상을 초래하여 암을 유발한다는 주장이 제기되고 있다.

3) 전자파의 영향

(1) 인체에 미치는 영향

사람이 전자파에 장시간 노출되거나, 강한 전자파에 자주 노출된다면 인체에 유해할 수 있다. 최근에는 다양한 주파수대역의 전자파 이용이 점차 늘어나면서 전자파 노출에 대한 인체건강의 유해성이 더욱 이슈화되고 있다.

일반 병원에서 사용하는 X선은 아주 약한세기이므로 인체에 미치는 영향이 미미한 것으로 알려져 있으며, 현대인들이 가장 많이, 장시간 사용하는 휴대폰의 전자파는 X선의 파장보다 훨씬 길고 투과성이 약하기 때문에 비전리성 전자파라고 한다. 생체 조직이나 DNA의 변형에 관여한다와, 관여하지 않는다는 논쟁도 있다.

(2) 국내의 경우

인구밀도가 높아 비의도적 노출경향이 크기 때문에 전자파 노출이 건강상에 만성적 영향을 줄 수 있다는 것이 일부 역학조사와 실험 연구결과로 보도되기도 했지만 국내의 연구는 단편적인 노출 실태조사와 위해성에 대한 체계적인 연구가 미흡한 상태이다.

(3) 해외의 전자파 유해성 연구

현대인들은 생활환경 속의 다양한 위치에서 발생하는 전자파에 무작위적으로 노출되고 있는 실정이다.

- 1993년에 미국에서 60Hz 극저주파 자기장에 노출된 인구를 대상으로 조사하여 추산한 결과 1일 평균 2mg을 초과하는 노출인구가 14% 수준인 것으로 보고된 적이 있다.
- 2001년 국제암연구소(IARC)는 어린이 백혈병을 역학조사한 결과 수 mg 수준의 극저주파(ELF) 자기장을 '암 분류 등급 2b : 암을 유발할 수 있는 인자'로 분류하였으며, 또 직업적 노출과 일반 생활환경에서의 전자파 노출이 어린이 백혈병 등의 특정질병을 유발할 수 있다고 경고하였다.

4) 전자파의 기준 및 대책

(1) 인체에 미치는 영향에 대한 국제기준

국제적인 전자파의 인체노출기준은 두 가지이다. ① IEEE(Institute of Electrical and Electronics Engineers, 국제전기전자기술자협회)의 표준과 ② ICNIRP(International

Commission on Nonionizing-Radiation Protection, 국제비방사선보호 위원회)[8] 의 기준을 대부분의 국가에서 채택하여 국제기준처럼 여겨지고 있다. ICNIRP의 기준은 크게 전자파 인체노출한계 기준과 전자파 흡수율(Specific Absorption Rate; SAR) 기준으로 구분되며, 선진국들은 두 기준을 기본으로 채택하고 있다.

- 인체노출한계기준은 전자파 방출원에 대한 기준준수를 법적으로 강제하고 시험기관에서 방출원에서의 전자파 세기를 측정·관리하는 데 적용된다. 인체보호기준은 통상 동물 실험으로 이상 증세 징후가 나타나는 점을 전자파 발생량으로 측정하며, 미국 국가규격협회(ANSI)와 ICNIRP의 기준은 쥐의 이상 증세가 나타나는 단위체중당 흡수전력(SAR)을 4W/kg으로 규정하여 이 측정치를 바탕으로 "실현가능한 낮은 값(ALARA, As Low As Reasonably Achievable)" 원칙을 적용하여 측정치에 1/10~1/100 정도의 안전계수를 적용한다.
- 전자파 흡수율기준은 사람의 생체조직에 흡수되는 생체의 단위질량당 전자파의 양을 에너지로 표시한 것으로 단위는 킬로그램당 와트(W/kg)이다. 이동전화 단말기 등에서 방출되는 전자파를 인체가 얼마나 흡수하는지를 보여주는 수치로서 단말기의 전자파 인체 보호 기준은 생체 실험을 통해 인체에 해롭지 않은 전자파의 양(한국, 미국, 호주, 캐나다는 1.6W/kg[1g 평균]. 일본과 유럽은 2.0W/kg[10g 평균])을 기준으로 하고 있다.

(2) 우리나라의 전자파 인체보호기준

국내의 전자파 인체보호기준은 방송통신위원회가 고시한 「전파법」을 따르고 있다. 이 기준은 세계에서 엄격한 수준에 속하지만 적용되는 휴대용기기는 휴대폰 하나만의 기준으로 규정하는 데 한계가 있다.

8) 국제방사선 방호협회(International Radiation Protection Association)는 인간과 환경을 방사로부터 보호하는 것을 목표로 활동하고 있으며, IRPA가 설립한 ICNIRP는 비전리방사에 대해 권고안 개발을 목적으로 하고 있다. WHO 등과 공동으로 다양한 형태의 전자파 저감 권고안을 제시하고 연구하고 있다.

우리나라의 전자파 인체보호기준은 크게 두 가지이다.

① 휴대폰기지국과 같은 무선 설비에 적용하는 전자파 강도 기준

② 휴대폰단말기 등에 적용하는 전자파흡수율 기준

전자파흡수율(SAR)은 생체조직에 흡수되는 단위질량당 에너지율을 말하며 최대 허용기준은 [표 10-10]과 같다.

[표 10-10] 전자파 흡수율(SAR) 최대기준

주파수	구분	전자파흡수율 기준(W/kg)		
		전신	머리/몸통	사지
100kHz ~ 10GHz	일반인	0.08	1.6	4
	직업인	0.4	8	20

우리나라는 한국방송통신위원회가 전자파로부터 인체를 보호하는 전자파 종합대책을 마련하고 전자파연구원은 인증받은 휴대폰의 SAR 측정결과를 공개하는 정책을 추진하고 있으나 선진국들이 사전예방적 정책을 시행하는 것을 고려할 때 매우 미흡한 실정이다.

5) 외국의 전자파 관리 동향

(1) 사전예방정책

스위스, 스웨덴, 이탈리아, 미국 등은 ICNIRP의 기준을 토대로 사전예방적 차원에서 훨씬 강화된 기준을 적용하고 있다.

① **스위스, 스웨덴, 이탈리아** : 전자파 민감지역에 설치된 고정형 장치의 전자파 방출량을 제한하는 장치한계값(Installation Limit Value; ILV)으로 규정하고 있다. 여기서 전자파 민감지역은 학교, 병원, 어린이 놀이터, 주거지역 등을 말한다. 이 ILV는 우리나라의 전자파 노출한계기준 대비 약 1/10 수준의 낮은 값이긴 하나, 주거지역에 대하여는 훨씬 강한기준을 적용하는 것이다.

② **미국** : 1996년 연방통신위원회(Federal Communications Commission, FCC)가 인체보호기준을 법제화하여 "인체보호기준을 초과하는 지역에 대한 민간인 출입 통제"를 의무화하는 내용을 포함시켰다.

- 미국에서는 PDA, 노트북 PC, 넷북 등 신체에 근접해 사용하는 모든 기기에 대해 전자파흡수율(SAR) 규제를 적용하고 있다. "디지털 기기가 다양해지고 휴대폰을 주머니에 넣고 다니는 등의 이용행태도 머리 외에 전신에 미치는 영향때문에 규제범위를 확대했다"는 취지이다.

[표 10-11] 국가별 전자파흡수율(SAR) 기준

구분	허용량
국제기준(유럽, 일본 등 대부분 국가)	2.0 W/1kg
한국, 미국, 캐나다	1.6 W/1kg

미국 회계감사원은 2012년 8월에 휴대폰의 전자파 규제 강화를 요구하는 보고서를 공개하고, 휴대폰 전자파흡수율(SAR) 제한을 현실화할 것을 FCC에 권고하였으며, 전자파 관련 가이드라인 변경은 무역장벽, 특히 비관세장벽으로 작용하여 국제무역에 다소 영향을 끼쳤다.

chapter

11

유해화학물질과 환경호르몬

chapter 11 유해화학물질과 환경호르몬

11.1 유해화학물질

21C 향상된 생활수준에서 활동하고 있는 현대인들의 욕구는 지속적으로 화학물질을 개발해 내고 이용 중에 있다. 화학물질은 원소나 화합물에 인위적인 반응을 일으켜 얻어낸 물질과 자연상태에서 발생한 물질을 추출하고 정제한 물질이다.

1) 화학물질의 생산 · 사용 현황

전 세계에서 생산 · 유통되는 화학물질은 약 10만 종 이상에 달하며, 매년 2천여 종 정도가 새 시장에 나오고 있다. OECD 회원국 중 대부분은 유해화학물질의 배출 · 이동량이 점차적으로 감소하는 추세이다.

① 미국과 캐나다의 경우 일반 화학물질 152종의 총 배출 · 이동량이 1995년에서 2002년 사이에 약 18% 감소하였다.

② 일본의 경우 화학물질 354종의 배출량이 2000~2004년간 54% 감소하였다.

③ 한국은 약 4만여 종의 화학물질이 사용되고, 매년 400여 종의 화학물질이 새롭게 유통되고 있으며 사용량은 꾸준히 증가하고 있다. 화학물질의 유통량, 제조량, 수입 · 수출량에 대한 현황은 [표 11-1]과 같다. 제조 · 수입량이 지속적으로 증가하고 있으며 총 유통량은 2010년 432.5백만 톤으로 2002년에 비해 약 1.5배 증가하였다. 특히 2010년 기준으로 1,000톤 이상 제조 · 수입되는 대량생산 화학물질(HPV : High Production Volume)이 총 866종, 417.3백만 톤

으로 전체 유통량의 99% 이상[1]을 차지하고 있다.

④ 국내 유독물질 유통·배출 현황은 2011년도에 화학물질 중 벤젠, 1,3-부타디엔 등 건강에 미치는 영향이 큰 1군 발암물질 10종[2]의 취급량은 19백만 톤으로 지속적으로 증가한 반면에 배출량은 404톤으로 감소 추세에 있다.

[표 11-1] 국내화학물질 유통현황조사 (단위 : ton/year)

구분	2006	2010	2014	2016
조사사업장	16,405	16,547	22,661	21,911
조사화학물질	25,479	15,840	16,150	16,874
유통량	417.9	432.5	500.7	558.6
제조량	286.3	289.1	323.9	378.2
수입량	189.3	231.0	299.9	321.6
수출량	57.7	87.6	123.1	141.1

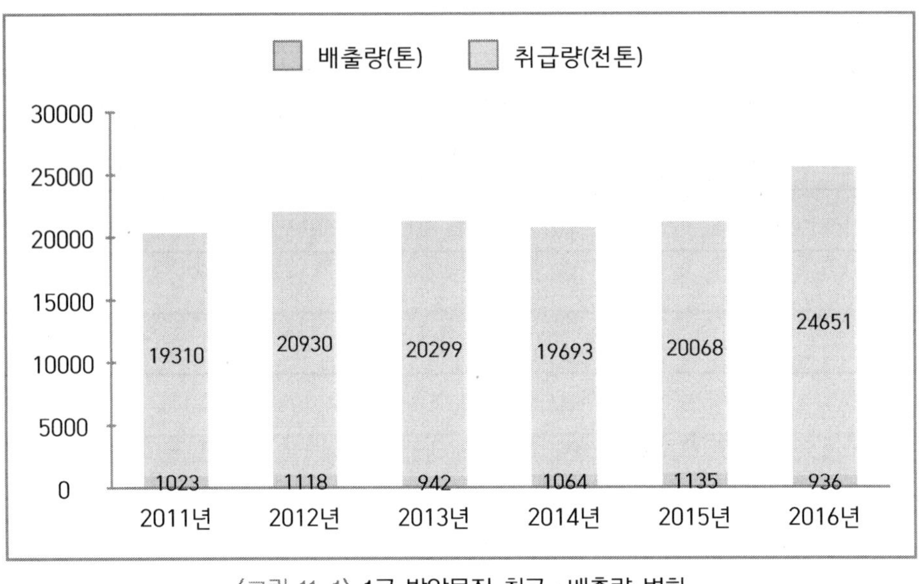

〈그림 11-1〉 1군 발암물질 취급·배출량 변화

1) 일본 99.6%, EU 99.8%

2) 10종 : 벤젠, 포름알데히드, 1,3-부타디엔, 염화비닐, 산화에틸렌, 크롬, 카드뮴, 비소, 석면, 3,39-디클로로-4, 49디아미노디페닐메탄

2) 유독물질과 관찰물질

환경 및 동·식물 생육과 사람의 생활과 건강에 위해를 끼치거나 유해성이 있는 화학물질과 관찰물질은 「유해화학물질관리법」에서 정하고 있는 유독물질 관리기준에 따른다.

[표 11-2] 유해화학물질 관리법에서 규정한 유독물질 기준

구분	지정기준
설치류에 대한 급성경구독성	시험동물 수의 반을 죽일 수 있는 양(LD_{50})이 킬로그램당 300밀리그램(300mg/kg) 이하인 화학물질
설치류에 대한 급성경피독성	시험동물 수의 반을 죽일 수 있는 양(LD_{50})이 킬로그램당 1,000밀리그램(1,000mg/kg) 이하인 화학물질
설치류에 대한 급성흡입독성	1) 기체나 증기로 노출시킨 경우 시험동물 수의 반을 죽일 수 있는 농도(LC_{50}, 4hr)가 2,500피피엠(2,500ppm) 이하이거나 리터당 10밀리그램(10mg/L) 이하인 화학물질 2) 분진이나 미립자로 노출시킨 경우 시험동물 수의 반을 죽일 수 있는 농도(LC_{50}, 4hr)가 리터당 1.0밀리그램(1.0mg/L) 이하인 화학물질
피부 부식성·자극성	피부에 3분 동안 노출시킨 경우 1시간 이내에 표피에서 진피까지 괴사를 일으키는 화학물질
어류, 물벼룩 또는 조류에 대한 급성독성	1) 어류에 대한 급성독성 시험에서 시험어류 수의 반을 죽일 수 있는 농도(LC_{50}, 96hr)가 리터당 1.0밀리그램(1.0mg/L) 이하인 화학물질 2) 물벼룩에 대한 급성독성 시험에서 시험물벼룩 수의 반에게 유영저해를 일으킬 수 있는 농도(EC_{50}, 48hr)가 리터당 1.0밀리그램(1.0mg/L) 이하인 화학물질 3) 조류(Algae)에 대한 급성독성 시험에서 시험조류의 생장률을 반으로 감소시킬 수 있는 농도(IC_{50}, 72hr 또는 96hr)가 리터당 1.0밀리그램(1.0mg/L) 이하인 화학물질
어류, 물벼룩 또는 조류에 대한 만성독성	어류, 물벼룩 또는 조류에 대한 만성독성 시험에서 무영향농도 또는 이에 상응하는 영향을 주는 농도(ECx)가 리터당 0.01밀리그램(0.01mg/L) 이하인 화학물질
반복노출독성	1) 사람에 대한 사례연구 또는 역학조사로부터 반복 노출에 의해 사람에게 중대한 독성을 일으킨다는 신뢰성과 양질의 증거가 있는 화학물질 2) 시험동물을 이용한 적절한 시험으로부터 일반적으로 낮은 수준의 노출농도에서 사람의 건강과 관련된 중대하거나 또는 강한 독성영향을 일으켰다는 소견에 기초하여 반복 노출에 의해 사람에게 중대한 독성을 일으킬 가능성이 있다고 추정되는 화학물질

구분	지정기준
변이원성	1) 사람에 대한 역학조사연구에서 양성인 증거가 있는 물질로서 사람의 생식세포에 유전성 돌연변이를 일으키는 것으로 알려진 화학물질 2) 포유동물을 이용한 유전성 생식세포 변이원성시험에서 양성인 화학물질 3) 포유동물을 이용한 체세포 변이원성시험에서 양성이고, 생식세포에 돌연 변이를 일으킬 수 있는 증거가 있는 화학물질 4) 사람의 생식세포에 변이원성 영향을 보여주는 시험에서 양성인 화학물질
발암성	1) 사람에게 발암성이 있다고 알려져 있는 물질로서 주로 사람에게 충분한 발암성 증거가 있는 화학물질 2) 사람에게 발암성이 있다고 추정되는 물질로서 주로 시험동물에게 발암성 증거가 충분한 물질이거나 시험동물과 사람 모두에게서 제한된 발암성 증거가 있는 화학물질
생식독성	1) 사람에게 성적기능, 생식능력이나 발육에 악영향을 주는 것으로 판단할 만한 증거가 있는 화학물질 2) 사람에게 성적기능, 생식능력이나 발육에 악영향을 주는 것으로 추정할 만한 동물시험 증거가 있는 화학물질
기타	1) 위의 가목부터 사목까지의 규정에 해당하는 유독물질을 1퍼센트 이상 함유한 화합물 또는 혼합물 2) 위의 아목부터 차목까지의 규정에 해당하는 유독물질을 0.1퍼센트 이상 함유한 화합물 및 혼합물

3) 선진국의 화학물질 관리제도

선진국들은 1960년대부터 화학물질을 체계적으로 관리해 오는것과 동시에 특히 유해한 물질을 규제하는 방식을 사용해 왔으며 EU의 경우 이미 1967년에 「위험물질의 분류, 표시 및 포장에 관한 법」을 제정하였다. 21세기 들어서는 화학물질의 제조자에게 화학물질의 안전성의 입증책임을 부과하는 제2세대 화학물질 관리체계가 도입되고 있다. 2007년 EU 선진국들 대부분이 먼저 시행하고 있으며 우리나라는 2013년에 도입하였다.

(1) 미국

화학물질 관리가 가장 엄격한 국가로서 1960년대부터 유해화학물질에 대한 다양한 위해성 정보를 축적하고 있다.

① 2008년에 화학물질 평가 및 관리 프로그램(CHAMP, Chemical Assessment and Management Program)을 도입하였다.

② 2010년에 환경청(EPA)에 화학물질 안전성 판단에 필요한 모든 자료의 요구 권한을 부여하는 「유해화학물질관리법(TSCA, Toxic Substance Control Act)」 개정안이 발의(목적 : 신규화학물질과 기존의 유해화학물질에 대한 유해성 정보를 확보하기 위한 것)하였으며 TSCA발의와 함께 EPA에서는 다층벽 탄소나노튜브를 신규화학물질로 포함하여 제조 90일 전에 신고를 의무화하는 나노물질의 안전관리를 위한 신고제도를 시행하였다.

③ 2013년에 국민건강의 보호를 목적으로 한 일반 소비자 제품에 함유된 유해화학물질에 대한 「화학물질안전법(Safe Chemicals Act)」을 발의하였다.

(2) EU(유럽연합)

2007년에 화학물질의 제조·수입자에게 위해성 입증책임을 의무화하는 제도인 신화학물질관리제도(REACH)[3]를 도입하여 규제를 강화하였다.

① 화학물질 제조·수입자가 연간 1톤 이상 수입할 경우 위해성정보를 등록하도록 의무화하였다.

② 2010년, 2013년, 2018년 3단계에 걸쳐 등록하고, 등록된 정보를 지속적으로 갱신하도록 의무화하였다.

③ REACH 제도는 각 정부에서 화학물질에 대한 안전성 입증책무를 화학물질의 제조·수입자에게 이전하여 화학물질의 전과정(Life-Cycle)관리를 하게 하는 제도이며, 등록된 위해성정보를 평가하여 발암성, 생식독성, 잔류성 등 유해성이 입증된 물질은 허가를 제한한다. 세계 각국은 EU의 REACH제도와 유사한 법령을 빠르게 제정하여 규제를 강화하고 있다.

3) REACH : 화학물질로 인한 위해성을 사전에 차단하고 EU국가들의 산업경쟁력을 강화하기 위해, 화학물질의 등록·평가·허가 및 제한제도(REACH, Regulation on Registration, Evaluation, Authorization and Restriction of Chemicals)를 2007년 6월에 도입하였다.

(3) UN의 화학물질의 분류 · 표시 및 세계조화시스템(GHS)

2002년 세계환경정상회의(WSSD)[4]에서 각국은 화학물질의 분류 · 표시에 관한 세계조화시스템(GHS)[5]을 2008년까지 시행하기로 합의하였다. 국제적으로 자료를 공유하여 화학물질의 시험 · 평가에 소요되는 시간과 비용을 절감하고 실험동물을 보호하기 위한 것이다. 또한 분류 · 표시제도를 도입하지 않은 국가에는 정보를 제공하고 동시에 산업계의 무역장벽을 해소한다는 목적도 있다. 세계 주요 국가별 GHS를 도입한 국가는 미국, 브라질, 캐나다, 뉴질랜드, 호주, 유럽 등이다.

4) 국내 화학물질 관리제도

화학물질의 제조 단계는 물론 유통, 사용 · 폐기 과정에서도 생활환경에 노출되어 국민건강, 주변환경과 생태계에 악영향을 초래한다. 따라서 화학물질의 특성과 노출경로를 반드시 파악한 후 위해성 평가체계를 구축하여 건강에 미치는 악영향을 사전에 예방하는 것이 중요하다.

(1) 국내 관리법규 현황

현재 유통되는 화학물질은 이용목적과 용도에 따라 표와 같이 7개 부처에서 13개 법률에 의하여 관리하고 있다. 「유해화학물질관리법」은 화학물질 관리의 기본법적 성격을 지니며 각 개별법의 관리목적에 따라 동일한 화학물질이라도 2개 이상의 법령으로 규제될 수 있다.

(2) 현행 화학물질 관리체계

우리나라는 1991년부터 「유해화학물질 관리법」을 시행하고 있으며, 기존 화학물

4) 세계지속가능발전정상회의(WSSD : World Summit on Sustainable Development) : 지구촌 최대의 환경회의로 지구환경을 보존을 위해 세계 각국 정상은 물론 환경단체 회원들이 참가한 회의. 남아공의 '요하네스버그정상 회의 2002' 또는 1992년 브라질 리우정상회의 이후 10년 만에 열려 '리우+10'으로도 불린다.

5) Globally Harmonized System of classification and labelling of chemicals. 화학물질의 유해성정보 및 관리사항을 국제적으로 통일된 라벨과 안전보건기준을 쉽게 전달하는 시스템

질은 국가가 안전성 시험을 통해 피해가 큰 물질은 취급을 제한하거나 금지하는 체계이며, 「신규화학물질법」 시행 전부터 유통된 기존 화학물질과 구분 · 관리하고 있다. 「신규화학물질법」은 제조 · 수입자가 독성자료를 작성해야 하며 화학물질의 유해성 관리, 유독물 등 유해화학물질의 안전관리, 배출량 및 유통량 조사, 화학물질 사고대응 등의 주요내용으로 구성되어 있다.

(3) 위해성 평가 및 관리시스템

국내 「유해화학물질관리법」은 2006년 1월에 개정되었으며, 위해성 평가의 법적 근거를 마련하여 사람의 건강이나 환경에 위해가 클 우려가 있는 화학물질에 한하여 위해성 평가를 실시하고, 결과에 따라 취급제한 · 금지물질 지정 등 필요한 조치를 하도록 하였다.

또한, 2009년 「환경보건법」이 제정되면서 환경유해인자[6]에 대한 위해성 평가 및 관리규정을 별도로 신설하여 위해성 평가결과에 따라 기준을 초과하는 유해인자에 한해서 관리대책을 마련하는 규정을 정하였다.

[표 11-3] 우리나라 유해화학물질 관련 법률 현황

관리대상	소관부처	관련 법령
유해화학물질	환경부	화학물질의 등록 및 평가 등에 관한 법률 화학물질관리법, 잔류성오염물질 관리법
사업장 유해물질	고용노동부	산업안전보건법
농약 · 비료 · 사료	농림축산식품부	농약관리법, 비료관리법 사료관리법
의약품	보건복지부	약사법
마약류		마약류 관리에 관한 법률
화장품		화장품법
식품첨가물		식품위생법

6) 환경유해인자 : 유해화학물질 등 사람의 건강과 생태계에 영향을 미치는 인자

관리대상	소관부처	관련 법령
위험물	국민안전처	위험물안전관리법
총포·도검·화약류		총포·도검·화약류 등의 안전관리에 관한 법률
고압가스	산업통상자원부	고압가스 안전관리법
공산품 중 유해물질		전기용품 및 생활용품 안전관리법
방사성물질	미래창조과학부	원자력안전법
연구실 유해위험물질		연구실 안전환경 조성에 관한 법률

11.2 환경호르몬(Environmental Hormone=EDCs : 내분비계장애추정)물질

1) 환경호르몬 물질(EDCs : 내분비계장애추정물질)

내분비계 장애물질(EDCs : Endocrine Disrupting Chemicals)은 다가염소화합물(PCB), 다이옥신(Dioxin) 등과 함께 20세기 후반부터 인체의 내분비계에 심각한 건강상 위해를 일으키는 물질로 일명 '환경호르몬'이라 불리는 내분비계 장애물질의 개념이 대두되었다.

특히 이 물질은 인간과 동물의 생체에 작용하여 수컷의 정자수를 감소시키거나 수컷의 암컷화, 자손세대의 성장억제, 생식기능저하, 기형 등을 초래하는 것으로 알려져 있다.

(1) 환경호르몬의 정의

환경에 노출된 화학물질이 생체로 유입되어 마치 "체내 정상 '호르몬'처럼 작용한다"라는 의미로 불리게 되었다. 이 용어의 공식적 명칭은 '내분비계 장애(추정)물질' 또는 '내분비계 교란물질(Endocrine Disruptors)'로 칭한다.

내분비계 장애물질에는 다양한 합성화학물질, 의약품 및 농약류의 유기염소계 살충제 등과 일부 천연성분이 미량 포함된 물질들이 인체로 유입되어 생체 내의 섬세한 호르몬계의 항상성, 생식, 발육성장, 자극성, 호르몬의 합성, 분비, 축적 등에 영향을 주기 때문에 극미량으로도 생식기능에 이상을 가져올 수 있으며 급·만성 독성과는 달리 차세대에 걸쳐 영향이 나타날 수 있다는 특성이 있다. 특히 유기염소계 살충제, PCB 및 다이옥신과 같이 잔류성이 큰 물질의 경우 자연계의 먹이사슬을 통해 동물과 사람의 체내에 축적되어 생식기능 저하 및 DNA 변형과 기형아, 암발생 등을 유발한다.

(2) 내분비계장애물질

미국 EPA는 내분비계장애물질을 '체내의 항상성 유지와 발생과정을 조절하는 생체 내 호르몬의 생산, 분비, 이동, 대사, 결합작용 및 배설을 간섭하는 외인성 물질'로 정의하고 있다. OECD는 '내분비계 기능에 변화를 일으켜 정상적인 개체 또는 그 자손의 건강에 유해한 영향을 나타내는 외인성 물질'로 규정하고 있다.

(3) 내분비계 교란 물질의 발생원

쓰레기 소각과정에서 생기는 다이옥신과 월남전에서 사용했던 고엽제 및 제조과정의 불순물 등이 해당되며, 기타 발생원은 다음과 같다.

① 비스페놀 A(Bisphenol-A) : 음료수용, 식품용 캔 내부 코팅제, 커텐의 방염처리제, 아기우유병과 합성수지 원료 성분 등
② PCB : 변압기의 냉매, 전기절연재로 사용하면서 발생
③ TBT : 선박용 페인트제
④ 폴리카보네이트(Poly carbonate) : 플라스틱 식기류의 원료
⑤ 프탈산 화합물(DOP, DEBP, DBP, BBP) : 플라스틱 제품의 가소제
⑥ 스타일렌(Styrene) : 컵라면 용기, 폴리스틸렌 수지의 식기 및 각종 제품재료
⑦ 펜틸페놀류 및 노닐페놀류 등 : 공업용 세제의 원료

2) 호르몬물질의 작용 메커니즘

내분비계 장애물질의 메커니즘에 있어 호르몬은 크게 스테로이드계 호르몬과 단백질계 호르몬 두 가지 그룹으로 나뉘는데 작용 메커니즘은 서로 상이하다.

- 크기가 작은 스테로이드 호르몬은 직접 세포로 들어가 수용체와 결합하여 작용을 한다.
- 수용성인 단백질 호르몬은 세포막의 수용체와 결합하여 2차 메신저 신호로 전달하여 작용한다. 현재까지 알려진 수용체 결합과정에서의 내분비계 장애물질의 작용은 호르몬 모방·유사(mimics), 호르몬 봉쇄(blocking), 촉발(trigger) 작용 등으로 제시되고 있다. 따라서 체내에서 호르몬의 작용은 보통 합성, 방출, 장기 세포로의 수송, 수용체 결합, 신호전달, 유전적발현 활성화 등의 일련의 과정으로 이루어진다. 내분비계 장애물질은 이러한 과정중의 어떤단계를 저해하거나 교란시킴으로써 장애를 유발하는 것이다.

(1) 정상적인 작용

호르몬은 심장박동을 빠르게 하거나 손바닥에 땀이 나는 순간적인 반응을 지시하는 것에서부터 골격 및 근육의 생장을 결정하는 반응을 장시간에 걸쳐 조절하는 기능 등의 정상적인 신체기능을 유지하는 다양한 역할을 수행하고 있다.

(2) 모방·유사작용

- 내분비계 장애물질이 호르몬 수용체와 결합하여 마치 정상 호르몬과 유사한 작용을 한다.
- 유사물질은 정상호르몬보다 강·약한 신호를 전달하여 내분비계 교란작용을 유발한다. 즉, 내분비교란물질이 자연호르몬과 유사작용을 하여 자연호르몬과 같은 세포반응을 유발하는 것이다.

  대표적인 예가 합성에스트로겐인 DES(diethylstilbestrol)이다. 대부분의 식물에스트로겐과 내분비계 교란물질은 에스트로겐 호르몬보다 약한 세포반응을 유발하나 약용 합성물질인 DES는 자연 에스트로겐보다 훨씬 강력한 세포반응을 유발한다.

(3) 봉쇄 작용

호르몬 수용체 결합 부위를 봉쇄하여 정상호르몬이 수용체의 접근을 막아 내분비계의 기능을 작용하지 못하게 하여 호르몬 작용을 하지 않으면서, 자연호르몬의 기능을 마비시킨다.

(4) 촉발작용

내분비계 장애물질이 수용체와 먼저 반응하여 생체 내의 정상적인 호르몬작용에서 나타나지 않는 엉뚱한 유해 대사작용을 유발하는 것이다. 예로 다이옥신이 마치 생체 내의 신종 호르몬처럼 작용하여 아릴하이드로카본(Ah) 수용체와 결합하여 암이나 기형 등 완전히 새로운 세포반응을 유발하는 것이다.

(5) 간접적 영향

생체 내 수용체와 결합하지 않고 간접적으로 자연호르몬의 합성, 저장, 배출, 분비, 이동, 배설기능을 증가 또는 감소시켜 내분비계의 정상적인 기능을 방해하기도 한다.

예로 납과 같은 중금속 물질은 성장호르몬이나 갑상선호르몬의 정상적기능을 방해하여 성장발육과 지능발달을 저해하는 것으로 알려져 있다.

3) 내분비계 장애물질의 종류

현재 내분비계 장애유발 가능성이 있는 추정 물질로는 각종 산업용 화학물질, 살충제 및 제초제 등의 농약류, 유기중금속류, 소각장의 다이옥신류, 식물에 존재하는 식물성에스트로겐(phytoestrogen) 등의 호르몬 유사물질, DES(diethylstilbestrol)와 같은 의약품으로 사용하는 합성 에스트로겐류 및 기타 식품첨가물 등이 있다.

① 물질의 예로 Estradiol, Diethylstilbestrol, PCB, Bisphenol A, Nonylphenol 등이 있다. 1990년대 후반에 세계야생생물기금(WWF)[7]에서 67종을 내분비계 장애물질로 분류하였고, 미국에서 73종, 일본 후생성에서 산업용 화학물질, 의약품, 식품첨가물 등 160여 종, 일본 환경성에서 65종의 물질을 내분비계 장애물질로 분류하였다.

② 우리나라에서는 별도의 정해진 목록은 없으며 WWF에서 제시한 67종을 기준으로 관리하고 있으며, 이 중 규제물질은 51종(농약 36종, 산업용화학물질 10종, 부산물·대사물 5종), 미규제물질은 16종(산업용화학 4종, 부산물·대사물 4종, 국내 미유통 8종)이다.

[표 11-4] 국가별 내분비계 장애물질 목록

분류	내분비계 장애물질
세계야생동물보호기구(WWF) 분류(67종)	• 다이옥신류 등 유기염소물질 6종 • DDT등 농약류 44종 • 알킬페놀(펜타-노닐), 비스페놀A • 디에틸헥실프탈레이트 등 프탈레이트 8종 • 스틸렌 다이머, 트리머, 벤조피렌 • 수은, 납, 카드뮴
일본 국립의약품식품위생연구소 분류(160여종)	• 다이옥신 및 퓨란류 7종(2,3,7,8-TCDD 등) • 다이옥신류 외의 건강과 생활물질 6종(벤조피렌 등) • 산업용 화학물질 53여종(비스페놀 A, 알킬페놀류 등) • 농약류 68종(DDT, Alachlor등) • 식물성에스트로젠 31종(Coumestol 등) • 진균성에스트로젠 2종(Zearalenol, Zearalenone)

7) 세계자연보호기금(World Wide Fund for Nature, 약칭 WWF)은 자연보호를 위한 비정부 국제기구이다. 원명은 세계야생생물기금(World Wildlife Fund)로, 미국과 캐나다에서는 옛 이름으로 활동하고 있다. 세계 최대의 환경단체로, 90여개 국의 5백만 명 이상의 회원이 많은 환경보호 프로젝트를 수행하고 있다. 수입의 90% 이상을 기부로 얻고 있다.

분류	내분비계 장애물질
발생원 또는 용출우려가 되는 생활용품	• 다이옥신 : 쓰레기소각장, 월남전 당시 고엽제의 성분 • 폴리염화비페닐(PCBs) : 전기절연제 • 비스페놀A : 합성수지의 원료, 식품·음료용 캔의 안쪽코팅 • 노닐페놀 : 세제 분해산물 • 프탈레이트류 : 플라스틱 가소제 • 트리부틸주석(TBT) : 선박 페인트 • PDBE : 브롬화난연제 성분 • DDT : 살충제 • 아트라진, 엔도설판, 아미톨 등 : 농약으로 사용 • 브로모프로페인 : 실리콘 • 웨이퍼 세척작업 • 수은 : 폐건전지

11.3 다이옥신(Dioxin)과 중금속물질

1) Dioxin이란?

고리가 세 개인 방향족 화합물에 여러 개의 염소가 붙어있는 화학적 화합물을 말하는 것으로, 〈그림 11-2〉와 같이 가운데 고리에 산소원자가 두 개인 다이옥신계 화합물(Polychlorinated dibenzo dioxin : PCDDs)과 퓨란계화합물(PCDFs)을 총칭하는 용어이다. 염소의 위치 등에 따라 PCDD가 75개, PCDF가 135개의 이성체가 있을 수 있다.

다이옥신과 다이옥신 유사화합물질들의 독성을 결정하는 가장 중요한 요소는 모양과 크기이며 이것은 염소의 수와 결합 위치에 따라 결정되는 것이다. 다이옥신 분자에서 2, 3, 7, 8의 결합위치에 염소가 있는지가 가장 중요하며, 이 중 가장 독성이 강한 것이 2,3,7,8-사염화디벤조-파라-다이옥신(일명 TCDD)이다. 우리가 보통 다이옥신이라 칭하는 것은 다이옥신과 다이옥신 유사물질들을 총칭한다.

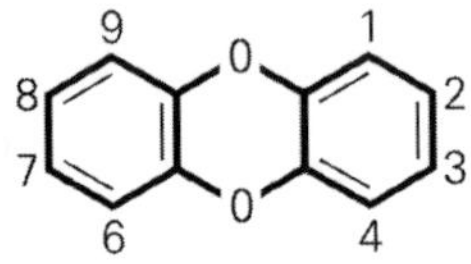

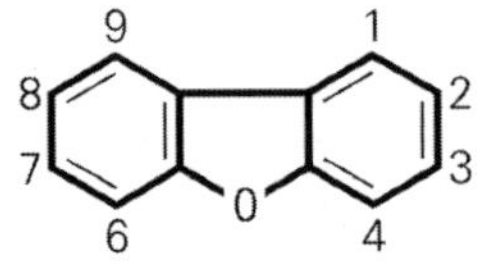

〈그림 11-2〉 다이옥신의 화학적 구조

(1) 다이옥신의 유입경로

① 다이옥신은 대기 중의 입자상 물질의 표면에 강하게 흡착되어 지표면으로 침적되거나 장・단거리 이동이 가능하다.

② 소각장 주변에서 발생하여 기류에 따라 인근 지역의 수질, 토양오염을 유발하는 것이다. 쓰레기 소각은 대기 중 다이옥신과 다이옥신 유사물질의 주요한 발생원이다. 다이옥신은 증기압에 따라 증기나 가스로 대기에 존재하면서 또 다른 입자들과 결합할 수도 있다.

③ 보통 다이옥신은 미립자로 작기 때문에 오랫동안 대기 중에 부유할 수 있고 멀리 이동이 가능하기 때문에 다이옥신이 세계 각지에서 발견되는 중요 이유가 된다.

(2) 다이옥신 유사물질

PCBs, 퓨란, 브롬 산화물은 구조적으로 다이옥신과 유사한 화학물질들로서 특성 및 독성도 유사성을 갖고 있다. 이 화합물들은 다음과 같다.

① **클로로 디벤조 퓨란** : 폴리클로리네이티드 디벤조퓨란(PCDFs), 퓨란

② **클로로 비페닐** : 폴리클로리네이티드 비페닐(PCBs), 디페닐 에테르, 나프탈렌퓨란은 다른 형태로 135종이 있고, PCBs는 209종이 다른형태로 존재한다. 브롬화합물은 염소 대신 브롬으로 치환된 유사 화합물질로 다이옥신과 독성도 유사하다.

(3) 다이옥신의 발생원

대부분 화학적 합성이나 소각, 제조공정에서 발생되는 원치않는 물질이다. 자연적 발생원인 산불, 번개, 화재 또는 화산활동 등으로 인한 자연 연소발생과 소각장 등에서 발생하는 인위적 발생원으로 분류하며 후자가 중요한 작용을 한다.

다이옥신류의 발생오염원은 1차 오염원과 2차 오염원으로 분류되며 이러한 1차 오염원에서 대기로 배출된 다이옥신류는 토양, 잔디, 초목 및 지표수에 침적된 후 이를 동물이 섭취하여 생체에 축적되고 먹이사슬에 의해 인간에 농축된다. 따라서 어류, 낙농품, 육류제품 및 채소 등의 2차 오염원은 인간의 노출오염원으로 환경계에서 다이옥신류의 저장고로서 작용한다.

(4) Dioxin 의 영향

① 청산가리(KCN) 대비 1,000배 강한 독성물질(1kg - 2만여 명 살상 가능)

② 선천성 기형아 출산

③ 호르몬 관련 암(유방암, 고환암)

④ 불임, 면역기능 저하, 말초신경 장해 등 신경질환유발

(5) Dioxin 관리대책

건강 위해성 평가의 2가지 형태 → 비발암성 평가, 위해성 평가

① 배출 오염원별 기준치 설정

② 쓰레기 소각로 등 다이옥신 배출공정에 대한 기술 개발

③ 배출원의 정기적 측정 감시

④ 인체 노출 기준치설정 및 감시

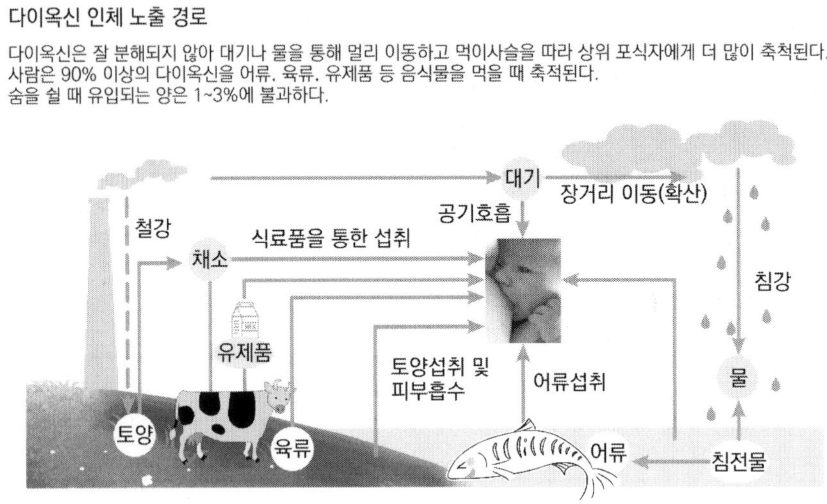

〈그림 11-3〉 다이옥신의 인체 유입경로

2) 수은

수은은 환경보건 측면에서 발생빈도, 독성, 인체 유해성을 고려할 때 관리 우선순위가 높은 중금속이다. 미국 독성물질·질병등록청(ATSDR)[8]의 독성물질 우선순위에서 비소, 납에 이어 세번째라고 발표하였다. 수은은 증기압이 높아 공기 중에 노출될 위험성이 높고 널리 해수, 토양, 대기, 동·식물을 포함한 자연계의 모든 생물체에 미량 분포하고 있으며, 산업화 이후 수은 사용량이 크게 늘어나고 있다.

(1) 수은의 유해성

산업체 및 다양한 오염원으로부터 배출된 무기수은이 바다, 하천 등으로 유입되어 수중 박테리아와 플랑크톤에 의해 메틸수은으로 변환된다. 따라서 어패류를 포함한 수중 생물의 생체 내에 농축되어, 어패류를 섭취하는 먹이사슬을 통해 메틸수은이 인체로 유입된다. 유입된 메틸수은이 단백질 중 설프히드릴기(sulfhydryl group)와의 높은 친화력으로 이황화물(disulfide)을 생성하여 단백질구조와 비특이적인 효소기능으로 독성효과를 나타낸다.

8) Agency for Toxic Substances and Disease Registry

(2) 국내 수은의 배출 · 유통량

「유해화학물질관리법」에서 수은을 유독물로 지정하여 매년 배출량과 유통량을 조사하고 있다. 2016년 기준으로 수은의 총 수입량은 10.2톤이며 수은 체온계와 혈압계에 포함된 양도 359 kg에 이르고 있다. 한편 EU에서 판매 금지하고 있는 수은 계측기와 치과 치료용 아말감에 대해서 국내에서는 아직 규제하지 않고 있다. 한편 수은 함유제품 중 전지, 형광등, 고압 수은램프, LCD용 램프, 혈압계 등 계측기기, 농약 및 소독제, 비누 및 화장품 등 수은 함량이 높은 7개의 대표적 제품군의 경우 2020년부터 생산과 수출입이 금지된다.

(3) 국내 수은의 노출수준

수은의 인체 노출과 건강영향에 대한 평가가 매우 높게 되어 있어서 중요하다. 일부 지역별로 고노출 위험의 우려가 제기되고 있기 때문이다. 2009년 국민환경보건기초조사 결과에서 혈중 수은농도의 기하 평균은 3.93 mg/L, 2010년 2.88 mg/L의 수준이었다. 조사에 따라 다소 차이가 있으나 2.88~4.28 mg/L의 혈중 수은농도를 보였으며 선진국인 미국 0.98 mg/L, 독일 0.58 mg/L과 비교하면 4~8배 이상 높은 수치이다. 미국 환경청(EPA) 기준을 적용할 경우 우리나라의 기준 초과자는 26.2% 정도에 달하는 것으로 추산된다.

(4) 우리나라 수은 대응 현황 및 전망

대기 중으로 배출되는 수은량은 연간 6.5톤~20.15톤 수준이다. 수은에 대하여 제조 · 수입, 유통, 사용, 폐기 등 전 과정에 걸친 체계적인 관리가 필수적이며, 특히 형광등, 혈압계, 체온계 등 수은함유 제품의 사용현황을 파악하고 최적 관리방안을 도출해야 한다. 정부는 수질, 토양으로 배출되는 수은 배출조사를 강화한다는 계획으로 현재 수은전지, 농약, 화장품, 페인트, 문구 등에 대하여 수은함량 기준을 설정하여 관리하고 있다. 2006년부터 산모 · 영유아 등 민감계층에 대한 수은농도를 조사하고, 담수 어패류에 대한 수은농도를 조사하는 등 수은 노출조사를 추진하여 실시하고 있다.

3) 카드뮴 및 납

(1) 생산량 및 노출농도

① 우리나라는 세계 납 사용국 순위 3위[9]이며, 주로 자동차 배터리 제조에 87%를 사용하고 있다. 제・정련과 재활용 등으로 연간 27만 톤의 납을 생산하고 있다.

② 카드뮴은 2007년 3,704톤을 생산한 세계 제1위 생산국이다. 주로 아연생산 부산물로 생산하여 대부분 수출하고 국내에서는 100톤 정도를 도금・합금 등의 용도로 사용하였다.

③ 1993년 유연휘발유 사용금지 이후 대기 중 납의 농도는 점차 감소하여 2008년 평균 0.07mg/m^{3}으로 조사되었다. 대기 중 카드뮴 농도는 2008년 평균 0.00027 mg/m^{3}로 1990년대 이후 지속적으로 감소하는 추세이다.

(2) 국제기구의 관리 동향

2005년 UNEP는 제23차 집행이사회에서 납 및 카드뮴에 대한 인체유해성, 장거리 이동성 물질 등에 대한 정보수집・분석을 결정하여 2010년부터 각국의 정보를 지속적으로 조사하고 있다. 2011년부터 국제적인 조치의 필요성이 논의되면서 미국은 모든 어린이용품의 납 함량을 100mg/kg 이하로 규제하고 있다.

(3) 우리나라의 관리대책

정부는 유해 중금속과 함유제품의 관리를 위한 시책을 제시하고 있다.

첫째, 배출원을 파악하고, 중금속 함유제품 및 폐기물 관리, 환경 모니터링, 위해성 평가 등을 추진한다.

둘째, 유해 중금속의 제조・수입, 유통, 사용, 폐기, 회수 등의 전과정(Life Cycle) 평가에 의한 체계적인 관리기반을 구축한다.

셋째, 주요 배출원과 배출량 자료를 이용하여 납과 카드뮴의 유해 중금속 인벤토리를 2015년에 구축하는 계획을 세워 현재 부분적으로 시행 중에 있다.

9) 납 사용량('03) : 미국 147만톤, 중국 118만톤, 한국 35만톤(UNEP, '08)

4) 생태계 및 인체에 대한 영향

환경호르몬은 인간과 동물의 생식기능 저하, 기형, 성장장애, 암 등을 유발하는 생태계 교란물질로 알려져 있으며 세계적으로 생물종의 기형유발의 위협이 될 수 있으므로 오존층 파괴, 지구온난화 문제와 함께 세계 3대 환경문제로 거론되기도 한다.

(1) 인체에 미치는 영향

내분비계 장애물질의 인체건강에 미치는 영향이 현재까지 체계적으로 규명되지는 않았으나, 내분비계 장애물질의 심각한 영향을 보여준 사례로 1970년대 합성에스트로겐인 DES(diethylstilbestrol)라는 유산방지제를 복용한 임산부의 2세들에게서 나타났던 현상을 들 수 있다. 2세들 중 남아의 경우 생식기능이 감소되었고, 여아의 경우 자궁기형, 불임, 면역기능 이상현상이 증가하였다.

덴마크에서는 1999년에 과거 50년간 남자들의 정자수가 반감되었다는 보고가 있었으며, 일본의 테이쿄대학 의학부의 조사에 따르면 20대 남성 34명의 정액을 조사한 결과 정자의 농도와 운동성에서 WHO의 기준을 충족시킨 사람이 1명에 불과하였다.

이와 같이 정자수의 급격한 감소 이외에도 고환암이나 요도하열과 같은 기형유발과 유방암 발생도 관련이 있는 것으로 추정하고 있다. 내분비계 장애물질로 1990년대 크게 주목받은 물질은 소각장 등에서 배출되는 다이옥신류이다.

(2) 야생동물에 미치는 영향

대표적 사례는 1980년 미국 플로리다주의 아폽카 호수에 인근 화학회사가 사고로 유출시킨 디코폴 및 DDT에 의한 수질오염으로 호수의 악어 개체수가 반감되었으며, 수컷 악어가 암컷화되고 수컷 성기의 크기가 정상의 1/2 정도로 왜소화된 것이 관찰되었다.

① 어류 : 영국 각지에서 물고기 생식기의 암수 자웅동체 물고기가 대량 발견되

었으며 원인을 조사한 결과, 어류 체내에서 합성세제와 유화제의 성분인 알킬 페놀(비이온성 계면활성제의 분해물)이 다량 검출되었다.

② **조류** : 오염지역에서 서식하는 새들의 생식능력 및 성적습성의 변화, 면역능력의 감소, 부리의 기형 등이 관찰되었다. 특히, 물고기는 새들의 먹이이므로 오염물질이 농축된 물고기를 잡아먹을 경우 먹이사슬에 따른 영향을 받는다.

③ **포유류** : 인간에게 직접적인 영향을 미치는 점에서 매우 두려운 일이다. 발트해 연안의 바다표범을 조사한 결과 PCBs의 대부분이 바다표범 생식선의 스테로이드 합성에 장애를 주고 갑상선 기능을 저하시킨다는 보고와, 플로리다 아메리카 표범 수컷의 혈액을 채취해 검사한 결과 암컷의 호르몬인 에스트로겐이 정상치의 수 배 이상 높게 검출되고 생식기와 발육에 이상이 관찰되었으며 그 원인은 DDE와 PCBs에 오염된 사료 때문이라는 결과가 나왔다.

5) 내분비계 장애물질에 대한 대책

(1) 선진국의 관리 동향

현재까지 국제적으로 확정된 내분비계 장애물질 목록은 없으며 물질의 사용규제는 선진국을 중심으로 잔류성 유기오염물질과 통합하여 관리하는 추세이다. 국제적으로는 표준화된 내분비계 장애물질 시험방법이 없어 OECD에서 시험방법을 준비하고 있다.

(2) 우리나라의 조사현황

1999년~2008년까지 내분비계 장애물질에 대하여 잔류실태를 조사한 결과 다이옥신, 프탈레이트(BBP, DBP, DEHP, DEP), HCB 등이 지속적으로 검출되었다.

- 2000년 이후 대기 중의 다이옥신류 농도는 감소[10] 추세를 보이고 있다.
- 2007년부터 내분비계 장애물질을 5개년 계획으로 조사하고 있다. 조사대상 물

10) 0.255 pgTEQ/m3('02) → 0.154 pgTEQ/m3('05) → 0.076 pgTEQ/m3('06) → 0.071 pgTEQ/m3('07)

질은 지속적으로 검출되는 물질 위주로 선정하고, 에스트로겐류 등과 신규물질에 대한 조사도 하고 있다.

- 조사 결과는 다이옥신류와 TEC(tetrachloroethylen)를 제외한 나머지 물질은 미량 검출되었고, 벤조피렌, HCB는 감소 추세이나 BBP, DEHP는 증가[11] 추세였으므로 추가조사가 필요하다.

11.4 잔류성 유기오염물질(POPs)

1) POPs(Persistent Organic Pollutants : 잔류성 유기오염물질) 정의

POPs(잔류성 유기오염물질)이란 자연환경에서 분해되지 않고 먹이사슬을 통해 동식물의 체내에 축적되는 유기화합물질을 말한다. 이 화합물질은 동물과 사람에게 흡수된 후 체내에서 분해되지 않고 지방조직에 축적되므로 먹이사슬의 최상위 포식군 개체 중 동물과 사람에게서 가장 고농도로 농축되어 검출된다.

- 생체농축이 되면 면역체계를 교란시키거나 신경계를 손상시키는 독성을 지니게 되며, 환경호르몬 작용도 한다. 따라서 POPs 물질 또한 환경호르몬이라 불리는 내분비계 장애물질의 포괄적 개념에 속한다.
- 국제기구에서는 대상물질의 경계가 모호한 내분비계 장애물질에 대한 규제를 POPs 관리체계로 일원화 해 나가는 추세이다.
- POPs를 다이옥신 등과 같이 '독성 · 잔류성 · 생물농축성 및 장거리 이동성 등의 특성을 지니고 있어 사람과 생태계를 위태롭게 하는 물질'로 정의하고 있으며, 이는 「잔류성 유기오염물질에 관한 스톡홀름협약」에 의한 것이다.

11) 조사대상 물질과 지역이 제한적이어서 유의미한 결과치로 보기는 어렵다.

2) POPs에 속하는 규제대상 물질

POPs는 대부분 산업체의 생산공정 라인과 폐기물의 저온소각과정에서 발생하며 주 배출물질로는

① 다이옥신류(Polychlorinated dibenzo dioxin/furan)

② PCBs(Polychlorinated biphenyls), HCB(헥사클로로벤젠) 등 산업용 화학물질

③ Aldrin, Dieldrin 등 살충제, 제초제 등의 농약류

국내법에서는 스톡홀름협약을 준용하여 규제하는 대상 물질이 초기에 12종이었으나 점차 확대되어 현재는 [표 11-4]와 같은 23종이다.

[표 11-4] POPs 규제대상 물질과 국내 사용현황

물질명	부속서	용도	허용여부	국내사용현황
알드린(Aldrin)	A	농약, 살충제	금지	없음
엔드린(Endrin)	A	농약, 살충제	금지	없음
디엘드린(Dieldrin)	A	농약, 살충제	금지	없음
톡사펜	A	농약, 살충제	금지	없음
클로르덴(Chlordane)	A	농약, 살충제	금지	없음
헵타클로르 (Heptrachlor)	A	방충제	금지	없음
미렉스(Mirex)	A	화염억제제 살충제	금지	없음
헥사클로로벤젠 (Hexachlorobenzene)	A,C	살충제,부산물	금지/저감	없음
폴리클로리네이티드비페닐 (PCBs)	A,C	산업용 절연제 부산물	사용 한시허용 (25년까지 사용근절)	변압기 등 절연체로 사용
디디티(DDT)	B	살충제	제한	없음
다이옥신(PCDDs)	C	부산물(소각, 산업공정)	저감	-
퓨란(PCDFs)				
클로로데칸(Chlorodecone)	A	농약		

물질명	부속서	용도	허용여부	국내사용현황
린단(Lindane)	A	이,진드기제거를 위한 사용	특정면제 (최장 10년간)	이 제거제 등 전문의약품으로 사용중(식약청전문의약품 대상)
알파헥사클로로사이클로헥산 (Alpha HCCH)	A	농약	금지	없음
베타헥사클로로사이클로헥산 (Beta HCCH)	A	농약	금지	없음
테트라브로모디페닐에테르(TBDE)와 펜타브로모디페닐에테르(PBDE)	A	산업용물질 (방염제 등)	기존함유제품의 재활용을 위한 사용 한시허용 (2030년 특정면제종료)	RoHS 및 '전기전자 제품 및 자동차의 순환에 관한 법률에 따라' 국내사용금지
헥사브로모디페닐에테르(Hexa BDE)와 헵타브로모디페닐에테르(Hepta BDE)	A	산업용물질 (방염제 등)	기존함유제품의 재활용을 위한 사용 한시허용 (2030년 특정면제종료)	
헥사브로모비페닐(HBB)	A	산업용물질	금지	
펜타클로로벤젠(PCB)	A	농약	금지	없음
	C	비의도적생성물 연소부산물	저감	
과불화옥탄술폰산(PFOS) 그 염류와 과불화옥탄술포닐플로라이드(PFOS-F)	B	세정제,방염제, 광마스크 등	항구적 면제(용도별 정의됨) 특정면제(최장 10년간)	반도체, 필름 LCD 등의 중간산물 및 포소화제로 사용

3) POPs 관리 법규 및 기준

POPs 물질을 국제적으로 규제하는 스톡홀름협약[12)]이 2001년 5월에 체결됨에 따라 우리나라도 POPs 물질의 종합적 규제·관리를 위해 2008년 1월부터 「잔류성유기오염물질 관리법」을 제정하여 시행하고 있으며, 국내법의 규정은 다음과 같다.

① POPs 물질의 제조·수출입·사용 금지 또는 제한

② 배출규제

12) 2001년 5월 스톡홀름에서 국제환경협약인 「잔류성유기오염물질 관리에 관한 스톡홀름협약」 채택 후 2004년 5월에 발효됨.

③ POPs 함유 폐기물의 처리

④ POPs 함유 기기의 관리에 관한 규정

특히 POPs 성분 중 독성이 큰 다이옥신에 대한 기준[13)]은 별도로 설정하여 2008년부터 이 법에 의해서 통합관리하고 있으며, PCBs에 대하여는 PCBs가 주로 사용된 변압기의 내부 소재별 함량기준을 2009년에 정하여 시행하고 있다.

[표 11-5] **POPs(잔류성 유기오염물질) 관리법**

구분	환경관리	배출시설관리	폐기물관리	오염기기관리	제조 · 사용제한
내용	• POPs 관리 기본계획 • 일일허용노출량 • 환경기준 • 측정망 운영	• 배출허용기준 • 개선명령 및 사용중지 • 배출량조사 • 주변영향조사	• 폐기물의 분류 • 폐기물처리기준 • 재활용제한	• 관리대상기기 목록작성 · 신고 • 오염기기 안전관리	• POPs의 취급금지 · 제한 • 취급금지 · 제한 POPs의 관리방안

11.5 유전자 조작(GMO)물질

1) GMO(유전자조작 생물체)의 개발

21세기 현재 지구촌 인구는 폭발적으로 증가하여 약 76억 명에 달하고 있다. 따라서 식량의 부족과 경지면적 감소로 인한 식량 생산량이 감소하였고 식량의 안정적 공급을 위한 새롭고 다양한 방법들이 모색되고 있다. 그 중 유전자조작생물체(Genetically modified organism : GMO)는 한 생물체에 다른 생물체의 유전자를 주입하여 기존의 생물체와 다른 새로운 특성을 지닌 생물체로 재탄생시키는 것이다. 즉, 본래의 유전자를 변형 · 조작하여 생산성과 상품의 질을 높이는 목적으로 개발하는 것이다. GMO를 개발하는 목적과 현재 생산성과 효율성으로 이용되고 있는 사례는 다음과 같다.

13) 다이옥신 규제기준은97년 폐기물관리법에 따라 소가용량 50톤/일 이상인 시설을 대상으로 0.5ng-TEQ/Sm^3 기준을 적용하였고 2003년부터 신설시설에 대하여 0.1ng-TEQ/Sm^3 기준으로 강화하였다.

① 농작물의 경우 악천후나 해충에 대한 저항력이 높은 외래 유전자를 농작물 및 식용작물에 이식하여 수확량을 늘리는 것이다.

② 현대 생명공학기술을 이용한 식량부족 문제, 환경문제 그리고 에너지 문제를 해결하는데 활용되고 있다.

③ 의료분야에서는 유전자 및 바이오 파밍 연구를 통해 난치병 치료를 위한 노력이 진행 중에 있다.

④ 원 작물의 영양가치를 높이거나 생산량의 증대를 위하여 식물이나 미생물의 유전자를 주입하여 유전자변형으로 만들어낸 생물체이다.

이렇게 삶의 질을 증진하기 위해 개발된 GMO가 잠재적인 악영향으로 탈바꿈할 수 있다는 우려 때문에 '프랑켄 식품(Frankenfood)'이라는 신조어가 생겼다. GMO가 문제가 있거나, 인간의 건강에 악영향을 초래할만한 과학적 근거는 현재까지는 없다. 그러나 장기적으로 섭취할 경우 알레르기가 발생하거나 항생제에 내성이 생길 수 있다는 문제가 제기되면서 생식력을 갖춘 GMO가 식품으로 많이 이용될 경우 생태계 파괴 가능성을 의심해볼 수는 있다. 이러한 잠재적 위해가능성 때문에 미국은 GMO 생산 · 연구에 관한 규제조항을 연방법으로 정해 놓았고 대부분의 선진국들 중 GMO 농수산물의 교역을 부분적으로 제한하는 나라도 있다.

우리나라에서도 농산물과 가공식품에 대한 유전자조작생물(GMO) 표시제가 2001년 7월부터 시행되고 있다.

2) GMO(유전자 조작 생물체) = LMO(Living modified organism) : 유전자 변형 생물체

LMO와 GMO는 통상 같은 의미로 사용되며, GMO는 「농산물품질관리법」에 의하면 '인위적으로 유전자를 분리 또는 재조합하여 의도한 특성을 갖도록 한 농산물'을 의미하며 LMO(Living Modified Organisms)는 「유전자조작생물체의 국가 간 이동 등에 관한 법」에서 '생명공학기술로 얻어진 새로운 유전물질의 조합을 포함하고 있는 모든 살아있는 생물체'로 규정하고 있다. LMO는 그 자체 생물이 생식, 번식이 가능한 것, 즉 살아있음(Living)을 강조하는 용어이다. GMO는 LMO가 생명력을 잃고 냉장, 냉동, 가공된 식품(예 : 두부, 두유, 통조림 상태의 옥수수)과 같이 생식이나 번식이 가능하지 않은 가공된 것을 포함하는 포괄적인 용어라 할 수 있다.

- GMO는 생산량을 증대하거나 유통·가공상의 편의를 위하여 유전공학기술을 이용하여 기존의 번식방법에서 나타날 수 없는 형질이나 유전자를 가지도록 개발된 생명체의 농산물이다. 제초제에 대한 내성, 병해충에 대한 저항력을 증진시키거나 영양가치를 높이기 위해 다른 동·식물이나 미생물의 유전자를 주입하는 방법으로 유전자를 변형하여 만든 생물체다.
- 특정 유전자의 DNA를 끊거나 연결해 조작하는 기술로 전통 육종법과는 달리 원하는 품종을 단기간에 확실히 얻을 확률이 높다. 즉, 이종교배, 성전환, 염색체변형, 선택적 증식, 유전자이전 등도 포함된다.

3) GMO(유전자조작생물체) 농작물의 개발과 특성

(1) 국제적인 GMO 농작물 개발 현황

① 세계 최초로 개발된 GMO 농작물은 1994년 미국의 칼젠(calgene)사의 무르지 않는 토마토이다.

② 1995년 미국의 몬산토사(monsanto)가 제초제에 내성이 있는 '라운드업 레디콩(Round-up ready soybean)'을 개발하였다.

③ 스위스의 노바티스(norvatis)사가 개발한 병충해에 내성을 가진 '비티 옥수수(bt maize)'가 미국 식품의약품안전청(FDA)과 EU의 안정성 검사를 통과, 상품화되어 판매가 본격적으로 시작되었다.

그 후로도 병해충 저항성이 높은 여러가지 GMO가 개발되었으며 특히 몬산토(monsanto), 노바티스(norvatis), 칼젠(calgene), 아그레보(agrevo) 등의 농화학관련 다국적기업들이 신제품 개발을 주도하였다. 또한 코카콜라, 맥도널드, 네슬레,

다농 등 세계 굴지의 식품회사들도 이미 GMO식품을 제조·판매하고 있다. 미국에서 특허를 받은 품종이 39개이고, 전 세계적으로는 80여 종이 넘는다. 이러한 LMO는 동물이 150여 종으로 슈퍼쥐와 슈퍼송아지, 복제염소, 복제개 등도 유전자조작을 통해 탄생하였으나 동물의 윤리문제가 제기되어 상대적으로 윤리적 부담이 적은 식물분야의 연구가 더 활발하게 진행되고 있으며 그 종류는 30여 종에 이른다.

4) GMO 농작물의 생산 및 유통현황

(1) 세계의 GMO 농작물의 생산 현황

세계 25개국에서 개발한 GMO 농작물은 [표 11-6]과 같이 약 160백만 ha에서 재배되고 있으며 국가별로는 미국, 브라질, 아르헨티나 순이다. 농업종사자는 약 1,400여만 명 정도로 추산하고 있다.

[표 11-6] 국가별 GMO 재배현황 (단위 : 백만ha)

구분	2011	2013	2015	2017
미국	69.0	70.1	70.9	75
브라질	30.3	40.3	44.2	50.2
아르헨티나	23.7	24.4	24.5	23.6
캐나다	10.4	10.8	11	13.1
인도	10.6	11.0	11.6	11.4
중국	3.9	4.2	3.7	2.8
기타국가	12.1	13.2	13.8	13.7
합계	160	174	179.7	189.8

콩, 옥수수, 면화, 캐놀라가 재배면적의 대부분을 차지하고 있으며, 품목별로는 [표 11-7]과 같으며 최고 GMO 경작면적의 변화로 80%를 차지하고 있다.

[표 11-7] 농작물별 GMO작물 재배면적(2017년) (단위 : 백만ha)

구분	GMO 재배면적(A)	세계 재배면적(B)	비율(A/B)
콩	94.1	121.5	77%
옥수수	59.7	188	32%
면화	24.1	30.2	80%
캐놀라	10.2	33.7	30%
합계	189.8	373.4	50.8

(2) 국내 GMO 농작물 현황

우리나라는 콩과 옥수수를 거의 100% 미국으로부터 수입하고 있으므로 GMO 콩과 옥수수에 그대로 노출되어 있어 잠재적 위험성의 발현이 우려된다.

(3) 우리나라의 곡물 자급률

2008년 기준으로 27.8%에 불과하고, 특히 콩은 13.6%, 옥수수는 0.8%로 매우 낮은 자급률을 가진다. 국내 밀, 콩, 옥수수의 연간 수요량은 각각 230만 톤, 120만 톤, 950만 톤에 달하며 대부분 수입에 의존하고 있다. 미국 농무부(USDA)가 발간한 자료에 따르면 2008~2009년도 세계 곡물소비량은 전년보다 1.7% 증가한 21억 4,838만 톤으로 해마다 사상 최고치를 기록하고 있다. 세계적으로 LMO 재배면적의 증가로 Non-LMO 작물의 확보가 어려워짐에 따라 LMO 작물과의 가격 차이도 커지고 있다.

5) GMO 농작물의 평가

인류의 식량문제를 해결하고 의료기술 발전에도 기여도가 클 것이며, 현대 과학기술의 행운이라는 긍정적 주장이 있는 반면, 생태계의 원천적인 교란과 심지어 인간의 생존을 위협할 것이라는 반대 주장도 있다. 긍정적 주장은 주로 GMO 작물의 수출국과 관련기업에서, 부정적인 주장은 시민단체와 작물수입국을 중심으로 제기되고 있다. 어떠한 경우에서도 GMO를 개발하고 적용하는 분야가 점차 확대되거나 증가할 것으로 예상되므로 과학적인 검증이 반드시 선행되어야 할 것이다. 작물 생산성, 인류건강, 환경보전, 의료기술 측면에서의 찬반주장을 해왔으나, GMO에 대한 찬반 양론이 일정기간 동안은 공존할 것으로 예상된다.

(1) 긍정적 측면

① GMO 작물은 품종개량을 목적으로 개발한 것이므로 기존의 육종방식의 품종보다 뛰어난 특성을 가진 것이 많다.

② 제초제나 병충해의 내성을 강화하여 개발한 농약으로 사용량과 살포횟수를 줄여 생산성을 높이고 결국 농민과 기업 모두 경제적 이득을 주면서 식량문제를 해결할 수 있다.

③ 기업 측면에서 GMO는 막대한 수익을 보장할 수도 있다. 즉, 종자 사용기술료 징수 수입과 종자와 농약의 세트판매 전략으로 상업화할 수 있다.

④ 종자의 복제생산 방지기술을 개발하여 종자특허를 통한 지적재산권 보호도 가능하며 농민측에서는 생산비를 절감하여 소득향상을 기대할 수 있다. 종자는 비싸나 병충해에 강하고 수확량이 많아 경제성이 높기 때문이다.

⑤ 사회적으로도 GMO는 저노동력과 저투자비용으로 영양가치와 수확량을 높일 수 있다.

⑥ 생태계 보전에 도움이 된다. 즉, 경작지 면적을 줄여 농경지와 산림의 훼손을 줄일 수도 있다.

⑦ 의료기술에도 다양하게 적용할 수 있어 인류의 건강증진에 기여할 수 있다.

(2) 부정적 측면

GMO는 잠재적인 위험성을 내포할 것으로 우려되고 있으며 주로 식품안전성과 관계된다.

① 인체와 가축에 대한 식품안전성이 완전히 검증되지 않아 알레르기, 독성, 면역체계 약화 등 인체건강에 대한 잠재적인 문제가 제기되고 있다.

② GMO 식품을 장기간 섭취하였을 경우 일부 면역체계의 약화나, 알레르기 반응을 불러올 수 있다는 실험결과도 있다.

③ GMO 작물을 장기간 재배할 경우 생태계를 교란시킬 우려가 있다. 이종 간 교배에 의한 '유전자오염'은 유기농가에 치명적인 피해를 주거나, '슈퍼잡초', '슈퍼해충' 등 생태계를 교란시킬 '새로운 변종'의 출현과 특정 제초제나 살충제를 사용할 경우 환경오염을 가중시킬 잠재적인 위험성이 있을 수 있다.

④ 단일 품종의 GMO만 재배할 경우 생물다양성이 파괴되어 기상이변이나 새로운 병해충 출현에 속수무책이 될 수 있다. 결국 GMO 재배가 확대될수록 생물다양성이 파괴될 우려가 있다.

⑤ 다국적기업이 GMO 기술을 독점하여 세계 식량시장을 지배할 위험성도 제기된다. GMO 관련 다국적기업들은 "종자와 곡물을 지배하는 자가 세계를 지배한다"라는 구호를 외치면서 종자기업, 농약회사, 대형곡물회사, 식품회사, 레스토랑 체인점까지 연계된 먹이 네트워크(Food network)을 형성하여 식량시장의 독과점체계를 이루고 있다. 또한 'GMO 종자특허'를 통해 다국적기업은 막대한 기술사용료 수익을 올리고도 있다.

⑥ WHO도 외래유전자가 인체나 가축의 소화기관에 서식하는 미생물에 전이되어 새로운 알러지나 신종 박테리아가 출몰하여 항생제 치료효과를 저해할 수도 있다 는 문제를 인정하여 세심한 주의를 요구하였다.

(3) 국내의 GMO 표시제

우리나라는 2001년 7월부터 농산물과 가공식품에 대한 GMO(유전자조작생물) 표시제가 시행되고 있다. 우리가 항상 먹고있는 전통발효식품인 간장, 된장, 고추장에서부터 아이들이 즐기는 스낵과 빵, 아기의 이유식에 GMO 원료가 들어갔는지를 소비자들이 알고 선택할 수 있게 됐다. 그러나 정부는 '표시제'가 유전자 조작 농산물이'위험' 표시로 잘못 받아들여지는 것을 경계한다. 해당기업이나 정부는 변함없이 GMO가 안전하다고 발표하고 있다. 21세기 식량난을 해결하고 인류복지에 기여할 핵심 생명과학기술이라고 강조하고 막대한 연구개발비를 들여 '토종 GMO'를 개발하는데 심혈을 기울이고 있다. 반면에 NGO 단체들은 밝혀지지 않은 잠재적 위험성을 계속 제기하면서 반대의견을 피력하고 있다.

(4) 국내의 GMO 연구현황

GMO작물과 관련한 연구사업으로 미래창조과학부의 21세기 프론티어사업으로 추진된 '작물유전체기능 연구사업'과 농촌진흥청의 '바이오그린 21사업'이 있으며, 연구과제별로는 벼, 콩, 과채류, 고추, 잔디, 화훼류, 당근, 감자, 배추 등을 대상으로 병해충 저항성, 신기능물질 생산, 환경스트레스 저항성, 고생산성 등의 특정 작물에 관한 연구가 이루어지고 있다. 따라서 LMO 작물의 안전성 평가에 관한 연구도 수행중에 있다.

chapter

12

광역적 환경오염문제

chapter 12 광역적 환경오염문제

12.1 산성비(Acid Rain)

1) 산성비의 정의

산성비는 가스상 대기오염물질들이 구름에 유입되어 대기 중에서 물방울을 형성하는 화학반응 과정으로 황산, 질산, 염산 등의 강산성 물질로 변하여 pH가 5.6 이하로 떨어지는 현상을 말한다. 대기 중에는 CO_2가 390ppm 정도 존재하며 공기 중의 이산화탄소와 수분이 반응하여 약산성의 탄산이 형성된다.

$$CO_2 + H_2O \rightarrow H_2CO_3$$
$$H_2CO_3 \leftrightarrow HCO_3^- + H^+$$
$$HCO_3^- \leftrightarrow CO_3^{2-} + H^+$$

이 탄산이 빗물에 포화되면 대략 pH 5.6을 나타내며, 자연적인 빗물에서 나타난다. 따라서 대기오염물질이 증가하면 빗물의 산성화를 가속화시켜 빗물의 pH는 5.6 이하부터 산성비라 하며, 최근 지역별로 pH4,6까지 강한 산도를 나타내는 산성비가 관측된다.

2) 산성비의 발생

1970년대 후반부터 유럽에서 산성비 피해에 대한 심각성이 본격 제기되었는데 스웨덴이 세계 최초의 국제환경회의라 할 수 있는 1972년 유엔인간환경회의를 유치한 것도 자국내 산성비의 피해를 널리 알리기 위한 의도였다고 한다. 이후로 산성비가 환경피해를 나타내는 대표적인 척도가 되었다. 1996년 독일 식량농업산림부의 5,000여 개 산성비 관측소에서 관측한 결과 산성비로 인해 나무의 60% 정도에서 나뭇잎 손상 또는 침상엽으로 발견되어 대기오염 방지대책을 강력히 추진하는 계기가 되었다. 20세기 후반부터는 중국, 인도 등 아시아 전역의 산업화가 급속히 진행되면서 산성비가 가장 심한지역이 되고 있다.

3) 산성비의 원인

산성비의 원인이 되는 물질은 크게 자연 발생물질과 인위적인 물질이 있다.

- **자연적 발생 물질** : 황산화물과 질소산화물, 염소이온 등이 빗물을 산성화시키는 작용을 한다.
- **인위적 발생 물질** : 인간의 생활 · 산업 활동, 즉 각종 공장, 발전소, 자동차, 보일러, 소각로 등에서 발생하는 이산화황(SO_2), 질소산화물(NOx), 탄화수소(HC) 등이 대기 중에서 수증기와 반응하여 황산이나 질산으로 변하여 비나 눈에 용해되어 산성비로 내리는 것이다. 자연적인 것보다 훨씬 큰 것으로 알려져 있다.

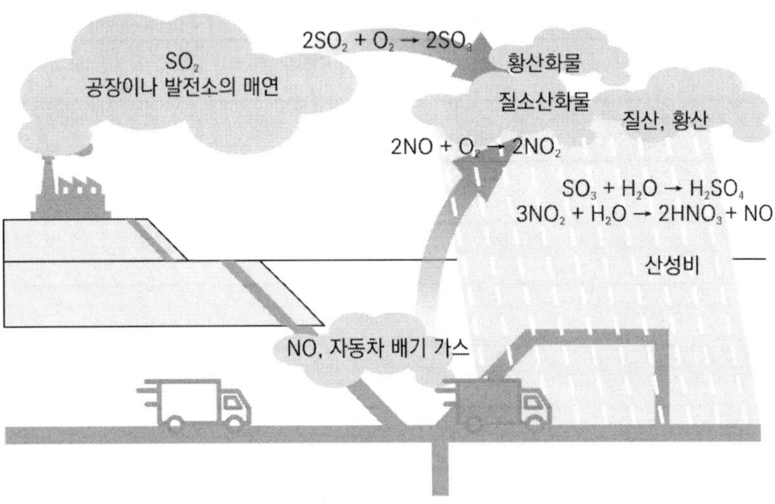

〈그림 12-1〉 산성비 생성 과정

4) 산성비의 피해

우리나라의 빗물은 외국의 산성비와 다른 특징을 나타내고 있다. 외국의 경우 비가 내리기 시작하는 초기강우의 pH는 낮고, 시간이 갈수록 pH가 높아진다. 반면에 우리나라의 경우는 초기강우의 pH는 높고, 비가 계속 내리면서 pH가 높아지거나 일정 수준을 유지한다. 그 원인은 초기강우에 의해서 제거되기 쉬운 먼지와 양이온(Ca^{2+}, K^{+}, Mg^{2+}, Na^{+})이 풍부한 황사성분이 대기 중에 존재하다가 강우 시 흡수되어 빗물을 중화시키기 때문이다. 따라서 황사나 먼지는 부유분진의 관점에서 보면 문제가 되지만, 산성비의 관점에서 보면 중화제의 역할을 한다.

우리나라는 1983년부터 산성비를 측정하기 시작하였으며 평균적으로는 약산성비가 내리고 있다. 국립환경과학원이 2011년에 전국 37개 산성침적물 측정지점에서 강우 pH를 조사한 결과, 2011년 주요 도시의 빗물 산도는 pH 4.8~5.3 범위로 자연적 중성치인 pH 5.6 보다 조금 낮은 약산성으로 나타났으며 2000년대 이후 유사한 수준을 보이고 있다. 수도권을 중심으로 한 서해안 지역의 pH가 비교적 강한 산도를 나타냈으며 강원도와 경상북도 일부지역에서 약한 산도를 보였다. 아시아 11개국과 비교하면 [표 12-1]과 같이 pH 범위가 4.2~6.7이며 일본(4.7), 중국(4.7)과 유사한 수준을 나타내고 있다.

① 인간에게 미치는 영향

경작지의 산성화, 식물생산성 감소, 어류의 폐사와 기형현상 등을 일으켜 인간생활에 악영향을 미친다. 인류에게 가장 심각한 영향은 토양의 산성화로 인한 농산물 생산량과 질의 감소이다. 향후 토양의 산성화가 지속되면 세계 농업생산량에도 큰 영향을 미칠 것이다.

② 식물생태계에 미치는 영향

- 식물잎의 엽록소를 파괴하여 잎이 누렇게 되고 식물 병충해에 대한 저항력이 약화되어 식물이 쉽게 죽는다.

- 산성물질이 토양에 축적되면 토양의 pH가 낮아져 농작물의 생장에 영향을 주게 되며, 토양에 독성물질이 축적되어 토양미생물의 활동과 영양물질 흡수를 방해한다.
- 산성물질이 다른 대기오염물질 즉, 오존과 결합할 경우 나무들은 추위, 질병, 해충, 가뭄, 곰팡이 등의 외부요인에 더 취약하게 된다. 나무가 고사하는 직접적인 원인이 된다.

③ 담수생태계에 미치는 영향

세계보건기구는 pH 5.5의 빗물에서 박테리아가 사멸하기 시작하고 pH 4.5 이하에서는 대부분의 물고기나 양서류는 토양 산성화로 유출되어 유입된 알루미늄 이온이 어류의 아가미에 영향을 미쳐 호흡을 어렵게 하고 생식력을 잃게 한다고 발표하였다.

[표 12-1] 전국 주요도시의 연도별 pH 분포(2016년)

구분	2012	2013	2014	2015	2016
서울	4.7	4.4	4.8	4.8	5.1
부산	5.0	4.9	5.0	5.5	5.3
대구	5.0	5.0	5.1	5.2	5.3
인천	4.5	4.4	4.7	4.9	4.9
광주	5.2	5.2	5.4	5.1	5.6
대전	4.7	4.8	5.1	5.0	5.2

5) 산성비 저감대책

우리나라의 산성비를 저감하기 위해서는 정확한 예측이 필요하다. 즉, 산성비를 유발하는 다음과 같은 주요 영향인자를 파악해야 대처가 가능하다.

첫째, 동북아의 대기오염물질 배출량 변화를 정확히 파악해야 한다. 산성비의 원인물질인 SO_2 와 NOx 의 배출량은 한국, 일본의 경우 거의 안정화되었으나 중국의 경우 매년 5% 이상으로 증가하는 것으로 파악되었다. 중국의 이산화황 배출량은 이미 동북아 지역의 80% 이상을 차지하고 있으며 10년 후에도 현재의 약 2~3배 이상 될 것으로 예상되며, 산성비의 농도는 더욱 심각해질 것이다.

둘째, 국내 화력발전소와 자동차 배출가스로 배출되는 미세먼지와 질소산화물 등의 대기오염물질의 영향이 크다.

셋째, 오존층 파괴와 지구 온난화 현상에 의한 대류권 오존의 농도와 대기 중 산화제의 농도가 증가하여 산성비가 내리는 지역이 확대될 것으로 예상된다.

넷째, 기후변화는 기후패턴, 강수량, 구름의 양, 일사량 등도 산성비에 영향을 줄 뿐 아니라 인접국가인 중국과의 영향을 종합 고려해야만 산성비 저감대책이 가능하다.

대기오염물질의 장거리 이동에 따른 영향을 정확하게 평가해야 하며, 중국은 앞으로 경제성장이 지속될 전망이므로 동북아지역의 산성비와 대기오염 피해를 줄이기 위해서는 한, 중, 일 국가 간의 협력은 물론 환경협정의 체결도 심각히 검토해야 할 것이다.

(1) 동북아시아 환경협력회의(NEAC)

NEAC(North-East Asia Conference on environmental cooperation)는 한국, 일본, 중국, 몽골, 러시아가 환경당사국으로 참가하여 5개국의 환경상태와 지역환경 현안문제를 논의한 회의이다.

- 청정과 지구환경 현안문제인 산성비, 황사, 생물다양성보존, 해양오염, 유해화학물질 등에 대한 국가정책의 소개와 정보교환을 위한 회의
- 한국, 일본, 중국과 함께 황사와 아황산가스의 장거리 이동에 따른 대기오염피해를 중심으로 국가 간 환경문제 해결을 위한 협력기반을 논의
- 환경적으로 건전하고 지속가능한 발전(ESSD)과 생태계보존을 위해 몽골과는 황사문제, 러시아와는 철새보호 및 생물다양성 보전을 위한 환경정보교환 및

환경협력강화로 인한 환경문제 해결방안을 모색하여 다양한 국제적인 노력을 기울이고 있다.

(2) 소피아 의정서[1)]

소피아 의정서는 1979 「질소산화물 배출 및 월경이동의 최저 30% 삭감에 관한 장거리 월경대기오염조약의정서」이다. 1970년대부터 유럽국가들은 산성비 문제를 해결하고, 국경을 이동하는 대기오염물질을 통제하기 시작하였다.

12.2 황사 현상과 환경성 질환

1) 황사(Yellow Sand)

황사는 저기압의 발생과 바람에 의하여 중국대륙 내륙부의 타클라미칸 사막과 황토지대인 몽골의 고비사막 등 건조 및 반건조 지역에서 토양과 광물입자가 수천 미터 상공으로 상승하여 편서풍으로 운반되면서 침강하는 현상이다. 특히 동북아시아에서 나타나는 현상으로 많은 나라에서 우선적으로 다루고 있는 기상현상이다.

- 황사의 발생원인 중국·몽골에서의 황사는 강풍에 의하여 발생하는 모래폭풍으로 그 피해가 심각하며, 한국이나 일본에서는 이동해 오는 먼지에 의한 대기오염현상으로 인식되어 왔다. 황사는 일본을 넘어 북태평양에도 대량으로 강하하고 있는 것으로 추산되고 있다. 위성관측에 따르면 황사는 북태평양을 넘어 아메리카 대륙까지 도달하는 것으로 보고되었다.
- 황사의 근원지는 북경이며, 건조한 한랭전선 기후와 토사가 많은지역으로 강한

1) Protocol to the 1979 Convention on Long-Range Transboundary Air Pollution concerning the control of Emission of Nitrogen Oxides or their Transboundary fluxes : 1988 불가리아 소피아에서 산성비원인물질인 NOx 삭감에 관한 소피아의정서 채택

바람이 불면 흙·모래가 대기공간을 순식간에 덮어버리기 때문에 농작물재배 및 수확량이 낮은 경작지는 대부분 과수원 및 산림지대로 전환시키는 농업구조로 개선하였다.

2) 황사의 피해

(1) 황사성분의 화학적인 성상

흙먼지와 비슷한 칼슘(Ca), 마그네슘(Mg), 칼륨(K), 나트륨(Na)의 알칼리성 금속성분으로 흙먼지보다 2배 정도로 높게 함유되어 있으며, 그 외 규소(Si), 철(Fe), 망간(Mn), 카드늄(Cd), 납(Pb) 등이 함유되어 있다.

(2) 황사 발생시기

주로 봄철(3~4월)에 중국에서 매년 20억 톤 정도가 날아오는 불청객으로 다양한 악영향을 미치고 있다.

〈그림 12-2〉 국내 황사현상과 미세먼지 주의보 현황

(3) 환경성 질환

① 인체에 미치는 영향은 눈병, 호흡기질환, 피부알러지, 만성기관지염 및 시정장애 등을 유발하여 환경보건학적 의료비용을 증가시키는 원인이 된다.

② 또한 미세한 황사입자가 고층기류를 타고 장거리까지 확산 및 이동하여 여러 나라에 황사로 인한 동물의 호흡기질환에 영향을 미치고 있다.

③ 황사 발생시기에는 국내 산업체의 기계손상과 생산제품 및 반도체 상품의 불량률을 높여 상품의 가치를 하락시켜 기업체의 경제적 손실을 유발한다.

④ 이러한 황사는 대기의 혼탁도 증대, 태양에너지 유입의 감소, 미세먼지의 침투로 인한 대기 환경오염 등을 유발하여 동·식물의 생육 및 사람의 활동을 방해한다.

[표 12-2] 황사 발생 시의 대기성분의 크기 및 특성 (단위 : ㎍/㎥)

성분	미세먼지(PM-10)	
	평상시(㎍/㎥)	황사시
납	0.0239	7.0
카드뮴	0.0009	4.8
크롬	0.0031	1.8
구리	0.025	1.8
철	0.7507	8.0
니켈	0.0029	7.0
칼슘	N.D.	-
마그네슘	-	-

3) 황사방지 대책

황사방지 대책은 발생원에 따른 대책으로 중국내륙, 몽골지역과 영향지역에 따른 대책인 중국 연안부, 우리나라, 일본 등으로 나눌 수 있다. 또한 단기적인 대책인 예·경보제도와 장기적인 대책으로는 발원지역의 생태계 보전 등으로 나눌 수 있다.

(1) 발생원에서의 대책

현재 중국, 몽골에서 토양의 사질토 등에 의한 사막화가 진행되고 있으며, 주요 발생원은 내몽골 자치구 동부와 서부의 신강 위구르 자치구의 타클라마칸 사막이며 중국 외의 주요 근원인 몽골은 남동부의 고비사막과 카자흐스탄 동부의 사막지대이다.

대책 예) 북경의 물난리로 수몰된 지역 16.5만 ha 중 3,300ha는 나무와 관상목이 심어졌고, 평원지대는 1,000km에 나무벨트 넓이 20m에서 30m로 그린벨트를 조성하는 녹화사업으로 황사피해를 줄여가고 있다.

현재 중국에서는 취하고 있는 사막화 방지조치는 다음과 같다.

① **토지 피복 현황 개선 및 복구**

- 자연보호지역을 정하여 자연재생을 위한 식재작업
- 사구주변을 방호림으로 고정하고, 모래이동을 관리
  현재 토양식생작업을 시행하고 있어 20년 정도 지나면, 자연 회복이 가능하나 대책을 시행하지 않고있는 지역에서는 토지의 열화가 진행되고 있어 사막화 현상을 잡지 못하고 있다는 것이 문제가 되고 있다.

② **인위적인 영향 완화**(과방목, 과경작 방지대책)

- 1990년 경부터 중국의 내몽골 자치구는 유목민의 정착화를 추진하고 있으나, 가축수의 증가와 과방목에 의한 토지열화가 문제되고 있다.
- 유목민의 정착화 정책은 농업 및 농경개혁으로 첨단 기술농업을 채택하여 지도하거나 먼지발생시기(겨울, 봄)에는 경작을 금지하는 등의 조치를 취해야 효과가 있다.

(2) 영향 지역에서의 대책

한 · 중 · 일 황사의 영향을 받고 있는 국가에서는 황사에 대한 예 · 경보 제도[2]를 도입하여 실시하고 있다. 우리나라의 경우 황사로 인한 미세먼지 농도가 1시간 평균

2) SDS-WAS(Sand and Dust Storm-Warning Advisory and Assessment System) 황사 경보 및 평가시스템

400ug/m^3 이상 2시간 지속될 때 황사주의, 800ug/m^3 이상 2시간 지속될 때 황사경보를 발령한다.

일반적으로 황사는 400ug/m^3 미만인 경우 옅은 황사, 400~800ug/m^3 미만은 짙은 황사, 800ug/m^3 이상일 때는 매우 짙은 황사로 구분한다.

12.3 사막화 현상

1) 사막화의 원인

사막화란 식물이 생장하지 않는 불모지의 토지로 변화하는 것을 말한다.

즉, 사막은 '식물의 생육과 농업에 적합하지 않은 땅'이라는 의미이다.

유엔사막화대책협의회(United Nations Conference on Desertification ; UNCOD)의 1977년 보고서에 의하면 세계적으로 매년 6만 ㎢의 토지가 사막화되고 있으며, 지속적으로 같은비율로 토지의 사막화가 확대되고 있다.

〈사막화의 원인〉

① 기후적 요인 : 대기 순환에 의한 건조지역의 이동

② 인위적 요인 : 목초지의 재생능력을 초과하는 가축의 방목, 경작기간의 단축 등에 의한 지력저하, 땔나무의 과잉채취 등

또한 유엔환경계획(UNEP)이 1991년 발표한 보고서 「사막화의 현상과 사막화 방지행동 계획의 실시상황에 대하여」는 세계에는 건조지역이 61억 ha 이상 존재하고, 지구육지 면적의 약 40%를 차지하고 있으며, 이 건조지역에서 세계인구의 약 1/5이 생활하고 있고, 이 중 약 9억 ha가 매우 건조한 사막지역이며, 사막화의 영향을 받고 있는 지역은 약 36억 ha에 달하고 피해면적이 가장 넓은 대륙은 아시아라고 하였다.

2) 사막화의 피해

사막화란 자연적인 기후 변동이나 인간의 간섭에 의하여 기존의 사막이 확대되는 현상을 말한다. 아프리카 사하라사막의 경우 1986년 이후에 계속적으로 가뭄이 지속되고 있다. 그 결과 사막이 아프리카 남부로 점차 넓어지고 있다.

현재 사막화가 가장 빠르게 진행되는 지역으로는 사하라사막 남부의 사헬지대를 꼽을 수 있을 것이다. 아프리카 사헬지방은 1960년대부터 사막화가 진행되고 가뭄이 겹쳐 생물이 살 수 없는 불모의지대로 변하게 되었다.

- 1972년과 1973년 사이에는 수십만 명의 사람과 가축이 죽어갔다. 특히 1982년에서 1985년 사이에는 넓은지역으로 사막화가 확대되어 수백만 명이 사망하게 되었다.
- 수천 년 동안 자연재해가 없었던 이 지역에 두 번의 엄청난 재난이 닥친 것은 인간이 초래한 환경재난이라는 것이 밝혀졌다. 세계는 사헬의 재난을 계기로 세계 여러곳에서 사막화의 위험이 진행 중인 사실을 인식하게 되었다.
- 21세기에 들어 급속히 증가한 약 76억 명의 인구를 지탱하고 과도한 자원개발 및 경작과 산림훼손으로 토양은 황폐해지면서 지구의 기후를 변화시켰다. 현재 지구면적의 19%인 3천만 km^2가 사막화되고 있으며, 1억 5천만 명의 인구가 사막화 영향으로 생존의 위협을 받고 있다.

〈그림 12-3〉 지구촌의 사막화 현상

찾아보기

(ㄱ)

가스상 오염물질 ······ 47
가스상 오염물질의 처리 ······ 60
고갈성 에너지 ······ 115
고정 배출원(Fixed Source) ······ 50
공해 ······ 28
광화학반응 ······ 47
교토 의정서 ······ 183
국외 먹는 물 수질기준 ······ 99

(ㄴ)

납 ······ 234
내분비계 장애(추정)물질 ······ 224

(ㄷ)

다이옥신계 화합물 ······ 229
대기오염 ······ 45
대기오염물질의 영향 ······ 55
대기청정법 ······ 51
대기환경기준 ······ 56
대장균군 ······ 80
도시화 ······ 21
동북아시아 환경협력회의 ······ 255

(ㄹ)

라니냐 ······ 174
라돈(Rn222) ······ 203
람사르 협약 ······ 187
로테르담 협약 ······ 189

(ㅁ)

매립 ······ 161
먼지 ······ 47
무생물적 ······ 33
물리적, 화학적, 생물적 처리공정 개요 91
물의 자정작용 ······ 74
미생물적 오염지표 ······ 79
미세먼지 ······ 47

(ㅂ)

바이오안전성 의정서 ······ 185
바이오에너지 ······ 125
바이오에너지 기술의 종류 ······ 126
바젤 협약 ······ 184
방류수 수질기준 ······ 86
배출허용기준 ······ 85
복류수 ······ 68
복토 ······ 161
비산재 ······ 47
비엔나 협약 ······ 182

비점오염원 ········· 73
빙하 ········· 68

(ㅅ)

사막화 ········· 260
산성비 ········· 251
산업폐수 ········· 74
새집 증후군 ········· 198
새차 증후군 ········· 200
생물다양성 협약 ········· 184
생물적 ········· 33
생태적 지위(Ecological Niche) ········· 34
생활하수 ········· 74
생활환경 ········· 13
석면관리제도 ········· 194
석면은 ········· 193
선오염원 ········· 73
세계야생생물기금 ········· 228
세계조화시스템 ········· 222
세정집진기 ········· 58
소각 ········· 157
소피아 의정서 ········· 256
수력에너지 ········· 129
수변구역 제도 ········· 88
수소에너지 ········· 125
수은 ········· 80, 232
수자원 분야별 이용 현황 ········· 70
수자원 분포 ········· 67
수질오염 ········· 71
수질오염의 지표 ········· 76
수질오염지표 ········· 77
수질환경기준 ········· 82
스모그 ········· 47
스톡홀름 협약 ········· 189
신에너지 ········· 118
신재생에너지의 특징 ········· 119
신화학물질관리제도 ········· 221

(ㅇ)

안정성(Stability) ········· 39
액체상 오염물질 ········· 49
에너지 자원의 분류 ········· 114
에너지원 ········· 114
에너지의 문제점 ········· 116
에너지의 특성 ········· 115
엔트로피 ········· 19
엘니뇨 ········· 174
여과집진기 ········· 59
연료전지 ········· 124
연무 ········· 47
열섬효과 ········· 173
오염총량 관리제도 ········· 87
오존층 ········· 177
온실가스 ········· 175
원심력집진기 ········· 58
유기물질 ········· 75
유전자조작 생물체 ········· 240
이동 배출원(Mobile Source) ········· 50
인(P)의 순환 ········· 37
일반세균 ········· 79
입자상 오염물질 ········· 47

(ㅈ)

자연환경 ··· 13
자정작용 ··· 46
잔류성 유기오염물질 ··· 237
재생 에너지 ··· 115
재생에너지 ··· 119
적응성(Adaptablilty) ··· 39
전기집진기 ··· 60
전자파 ··· 207
전자파 흡수율 ··· 211
점오염원 ··· 73
정수처리 공정 ··· 100
조대입자 ··· 47
지구온난화 ··· 167
지열에너지 ··· 129
지표수 ··· 65
지하수 ··· 66
질소(Nitrogen)의 순환 ··· 36

(ㅊ)

축산분뇨 ··· 74

(ㅋ)

카드뮴 ··· 234

(ㅌ)

탄소(Carbon)의 순환 ··· 35
태양광발전 ··· 121
태양열 에너지 ··· 123
토양오염 물질 ··· 107
토양오염물질 ··· 109
토양의 성상 ··· 105
토양의 화학적 조성 ··· 106

(ㅍ)

폐자원 신재생에너지의 종류 ··· 128
폐자원 에너지 종류별 보급현황 ··· 129
폐자원에너지 ··· 127
풍력에너지 ··· 123
프레온가스 ··· 180

(ㅎ)

하·폐수처리기술 ··· 88, 89
하수처리공정 계통도 ··· 89
하천수 ··· 66
항상성(Homeostasis) ··· 38
해양 ··· 68
해양에너지 기술 ··· 130
호소수(Lake ··· 66
화석연료 ··· 114
환경 용량 ··· 20
환경오염물질 ··· 14
환경의 분류 ··· 14
활성슬러지 공법 ··· 95
황(S)의 순환 ··· 38
황사 ··· 256
흄 ··· 47

(ABC)

ATP ··· 37
BOD ··· 77
CITES협약 ··· 186
COD ··· 78
Cr+6 ··· 80
DES ··· 235
DO ··· 77
EDCs ··· 224
EPR ··· 149
ESSD ··· 28
GHS ··· 222
GMO ··· 240
Hemoglobin ··· 45
Itai Itai 병 ··· 34
LFG ··· 163
Line source ··· 73
LMO ··· 241
MAC ··· 96
minamata병 ··· 34
NEAC ··· 255
Nimby ··· 141
Nonpoint source ··· 73
NOX ··· 48
PAN ··· 51
PBN ··· 51
PCB ··· 80
PCDD ··· 229
Point source ··· 73
POPs ··· 237
REACH ··· 221
Renewable Energy ··· 115
SAR ··· 211
SHS ··· 198
Smog ··· 51
SOX ··· 48
SRF ··· 160
SS ··· 76
TSP ··· 47
UNEP ··· 14
WWF ··· 228

(123)

1차 에너지 소비량 ··· 117
1차 에너지원 ··· 118
1차 오염물질 ··· 50
1차(Primary) 에너지 ··· 114
2차 오염물질 ··· 50
2차(Secondary) 에너지 ··· 115
3P 현상 ··· 27
3R ··· 146
4권역 ··· 15

저 / 자 / 소 / 개

이현주 : 공학박사(폐기물 전공)

현) 용인대학교 환경학과 교수
현) 서울시 도시건설위원회 심의위원
현) 과천시 도시계획위원회 심의위원
전) 환경부 환경산업기술원 전문위원

환경학개론 –기초와 응용–

1판 1쇄 발행 2019년 3월 4일

저　　자 | 이현주
발 행 인 | 서철종
발 행 처 | 도서출판 지우북스
주　　소 | 경기도 고양시 일산서구 강성로 147 동문시티프라자 814호
전　　화 | 031-915-6670(代)
팩　　스 | 031-915-6671
이 메 일 | jwbooks@nate.com
홈페이지 | www.jwbooks.co.kr
출판등록 | 2017년 2월 16일 제 410-2017-000032 호

ISBN 979-11-88673-30-8

정가 15,000원